Hallo und willkommen!

Mit diesem Buch kannst du Aufgaben zu Piraten, Tieren, Sport, Verkehrsmittel u.v.m. lösen und dabei die wichtigsten Themen aus dem Mathematikunterricht trainieren.

Das Buch ist nach Klassen geordnet. Du kannst dir so gezielt **deine Klasse** aussuchen, aber du kannst auch zum Einstieg mit einer niedrigeren Klassenstufe beginnen.

Am besten machst du immer zuerst den Bereich **„Lösungsstrategien“** deiner Klassenstufe. Hier bekommst du Schritt für Schritt Tipps, wie du am besten mit Textaufgaben und Zahlenrätseln umgehst.

Danach hast du zwei Möglichkeiten: Entweder suchst du dir im **Inhaltsverzeichnis** in deiner Klassenstufe das Mathematikgebiet aus, das du gerne üben möchtest, oder du wählst im **Themenverzeichnis** ein Thema, das dich interessiert, zum Beispiel Sport. Die Zahl vor dem Titel der Textaufgabe verrät dir, zu welcher Klasse die Aufgabe gehört.

1 m = 100 cm

In der Tipp-Box bekommst du noch zusätzliche Hinweise, die dir helfen, die Aufgabe zu lösen. Oft findest du hier auch weiterführende Spiel- und Bastelvorschläge.

1

Einige Übungen haben wir für dich mit einem kleinen Ball gekennzeichnet. Bei diesen Übungen sollst du nicht nur rechnen, sondern du darfst hier noch viel mehr tun: Ball spielen, hüpfen, basteln etc. Versuche doch diese Tipps umzusetzen, so kannst du dich zwischendurch bewegen. Danach kannst du dich dann viel besser konzentrieren.

2. Klasse

Inhalt

3. Klasse

4. Klasse

Lösungsstrategien

Seite Bearbeitet

Inhalt

Ritter und Piraten

Sport und Spiel

Themen

Abenteuer und Freundschaften

Magische Welten

Technik

Natur, fremde Länder und Fakten

2. Klasse

Lösungsstrategien für Text- und Sachaufgaben

Tipp 1: Lies genau.

1. A Lies die Rechengeschichte 3-mal genau durch.

Nik und Lu sind Zaubererkinder. Besonders gerne essen sie Zauberbonbons, die sie sich immer von ihrem Taschengeld kaufen. Von ihren Eltern erhalten die Brüder im Monat 3,– €. Ihr Opa gibt ihnen immer noch 2,– € dazu. Von einer Nachbarin, mit deren Hund sie spazieren gehen, erhalten sie noch zusätzlich jeweils 1,– €.

1. B Verdecke den Text. Kreuze an, was richtig ist.

1. Nik und Lu sind

☐ a. Zaubererkinder. ☐ c. Brüder.
☐ b. Feenkinder. ☐ d. Freunde.

2. Sie bekommen Taschengeld von

☐ a. der Oma. ☐ d. einer Tante.
☐ b. dem Opa. ☐ e. einer Nachbarin.
☐ c. den Eltern. ☐ f. einem Freund.

2. A Lies die Rechengeschichte 3-mal genau durch.

Nik und Lu besuchen die Grundschule „Drachenburg" für Zauberer. In Niks vierte Klasse gehen 24 Kinder. In Lus zweite Klasse gehen 18 angehende Zauberer. In die anderen Klassen gehen 48 Schüler.

2. B Verdecke den Text. Erzähle ihn in eigenen Worten nach.

2. C Beantworte die Fragen.

1. Wie viele Zauberer gehen in Niks Klasse? ________
2. Wie viele Schüler besuchen die restlichen Klassen? ________
3. In welche Klasse geht Lu? ________
4. Wie viele Schüler gehen in Lus Klasse? ________

Es ist sehr wichtig, dass du dir die Textaufgaben gut durchliest. Lies sie also ganz langsam und genau, am besten dreimal. Achte dabei vor allem auf alle wichtigen Angaben, wie z.B. Zahlen. Versuch dir die Aufgabe als Bild oder Geschichte vorzustellen.

Tipp 2: Passende Rechenfragen finden.

1. A Lies den Text genau durch.

Nik sammelt im Garten Zutaten für einen Zaubertrank. Dazu braucht er 5 Geisterkürbisse und 18 Glückspilze, die er in sein Körbchen legt. Schließlich holt er noch 2 Köpfe Wunschkraut. Als er auf der Suche nach der Zauberwurzel ist, klaut ihm die Hexe Tunichtgut 6 Pflanzen aus dem Körbchen. Insgesamt braucht Nik 30 Zauberpflanzen für seinen Zaubertrank.

1. B Kreuze jeweils an, ob es sich bei der Frage um eine echte Rechenfrage handelt.

	Rechenfrage	andere Frage
1. Wer sammelt die Zauberpflanzen?	☐	☐
2. Wie viele Pflanzen braucht Nik insgesamt?	☐	☐
3. Wie viele Pflanzen hat Nik bereits gesammelt?	☐	☐
4. Wie heißt die Hexe?	☐	☐
5. Wie viele Zauberwurzeln muss er noch sammeln?	☐	☐

Bei einer Rechenfrage muss man rechnen, um eine Antwort geben zu können.

2. Suche eine Rechenfrage zur folgenden Rechengeschichte.

Lu liest morgens 5 Seiten in seinem Buch über wundersame Tiere. Mittags liest er noch mal 10 Seiten und vor dem Einschlafen noch 8. Insgesamt hat das Buch 50 Seiten.

Rechenfrage: ______________________________

____

Wenn du eine Rechenfrage suchen musst, dann solltest du dir zuerst die Textaufgabe gut durchlesen und dir dann überlegen, was man mit den Zahlen im Text ausrechnen könnte. Manchmal gibt es verschiedene mögliche Rechenfragen.

Tipp 3: Rechenweg finden. Antworten geben.

1. A Vergleiche den Text mit den Bildern und der Rechnung.

Unser Zauberer Nik hat einige Zauberbonbons.	Er schenkt seinem Bruder Lu 7 davon.	Er hat nun 13 übrig.

	−	7	=	13
				13

←

Steht der Platzhalter vorne, hilft dir die Umkehraufgabe!

1. B **Rechenfrage:** ______________________________

1. C Löse die Aufgabe, indem du die Umkehraufgabe rechnest.

1. D Gib eine Antwort.

Antwort: ______________________________

Bei der Umkehraufgabe musst du von hinten nach vorne rechnen.
Du kannst es dir vielleicht so besser merken:
Wenn du auf der 6. Treppenstufe bist, gehst du 7 Stufen hoch (6 + 7) und bist auf der 13. Stufe (6 + 7 = 13).
Bei der Umkehraufgabe bist du auf der 13. Stufe und gehst 7 Stufen herunter und bist auf der sechsten Stufe (13 − 7 = 6).

2. A Finde die richtige Frage.

Lu sammelt Gruselgetier. Er hat bereits 7 Würmer und 8 Spinnen.

Frage: ______________________________
____
____
____

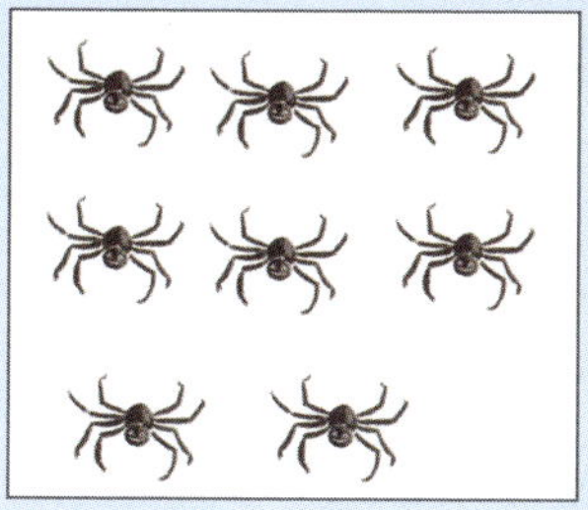

?

☐ ☐ ☐ = ☐

2. B Zeichne die passenden Bilder.

2. C Fülle die Kästchen aus und rechne.

2. D **Antwort:** ____

Wenn du eine Antwort geben musst, dann solltest du diese genau formulieren, dabei hilft es dir, wenn du die Frage in deiner Antwort mit aufgreifst. Lautet die Frage z. B. „Wie viele Gruseltiere hat Lu?“ Dann müsste deine Antwort sein: „Lu hat … Gruseltiere.“ Beantworte Textaufgaben immer mit einem ganzen Satz.

1 Die Baumeister

Max und Ben bauen einen Turm aus Bausteinen. Max hat 15 rote und 12 blaue Steine aufeinander gesetzt. Ben baut noch 11 rote Bausteine oben drauf. Beantworte die Fragen. Kreuze die Rechenfragen an und rechne.

- ☐ 1. Wie viele blaue Steine hat Max? ____
- ☐ 2. Wie viele rote Steine hat Max? ____
- ☐ 3. Wie viele rote Steine sind es insgesamt? ____
- ☐ 4. Wie viele rote Steine hat Ben? ____
- ☐ 5. Wie viele Steine sind es insgesamt? ____

Fällt dir die Aufgabe schwer, dann bau den Turm doch einfach nach. Hol dir die entsprechenden Bausteine, mache einen Stapel für Ben und einen für Max.

2 Goldgräber Jack

Frage: ____________

Jack findet 44 Goldstücke in einer alten Pyramide.

Er hat nun 98 Goldstücke in der Schatztruhe.

?

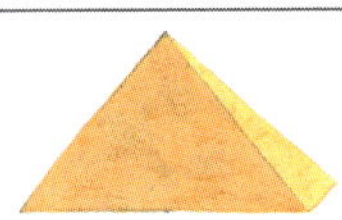

☐ ☐ ☐ = ☐

Rechnung: ____________

Antwort: Er hatte zuvor ____ Goldstücke in der Schatztruhe.

Steht der Platzhalter vorne, hilft dir die Umkehraufgabe.

3 Treffpunkt Fußballplatz

Oskar geht mit seinen beiden Brüdern auf den Fußballplatz. Fünf Jungen sind schon da. Jetzt kommen noch vier weitere Freunde dazu.

Wie viele Kinder sind es insgesamt?

Zeichne das Bild fertig und schreibe die Rechnung dazu.

Rechnung: ______________________________

Antwort: ______________________________

4 Räuber Zahnlücke

Räuber Zahnlücke hat 46 € geklaut und in seinen Sack gesteckt. Der Sack hat jedoch ein kleines Loch. Als er in seiner Räuberhöhle ankommt sind nur noch 15 € im Sack. Wie viel Geld hat er auf dem Weg verloren?

Antwort: ______________________________

5 Taschengeld

David erhält jede Woche 1,50 € Taschengeld. Er will sich davon eine CD für 9,99 € kaufen.

1 Woche	1,50 €
2 Wochen	

Frage: ______________________________

____

____

Antwort: David muss ______________ Wochen sparen.

Frage deine Eltern, ob sie dir 10 € in kleinen Münzen leihen können. Versuche dann damit Stapel mit je 1,50 € zu machen. Das hilft dir die richtige Frage und die Antwort auf die Rechenaufgabe zu finden.

6 Das Autorennen

Bei einem Autorennen starten fünf Autos in einer Reihe. Jeweils acht Autos stehen hintereinander. Wie viele Autos gehen an den Start?

Skizze

Rechnung: ______________________________

Antwort: ______________________________

7 Fingerabdrücke

Die Polizei verhaftet fünf Verbrecher auf frischer Tat.
Von jedem Verbrecher werden Fingerabdrücke genommen.
Wie viele Abdrücke sind es, wenn von jedem Finger ein Abdruck gemacht wird?

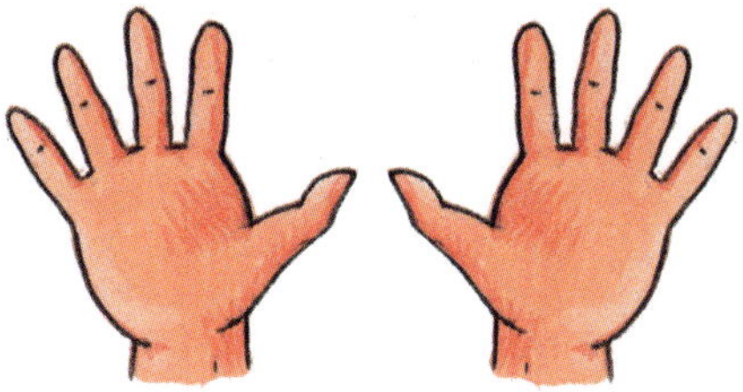

Rechnung: ______________________________

Antwort: ______________________________

8 Computerspiele

Tom hat beim Computerspiel achtmal gewonnen.
Florian gewann doppelt so oft.

A. Tom hat ________ Mal gewonnen.

B. Florian hat ________ Mal gewonnen.

Rechnung: ______________________________

C. Die Jungen haben insgesamt ________ Spiele gemacht.

Rechnung: ______________________________

9 Löwen auf der Jagd

Vier Löwen sind auf Beutefang und jagen einen Büffel.

A. Frage: Wie viele Beine rennen dem Büffel hinterher?

Skizze

Rechnung: ______________________________

Antwort: ______________________________

B. Bei 36 Beinen wären es ______ Löwen.

Rechnung: ______________________________

10 Begegnung mit Außerirdischen

Astronaut Daniel landet auf einem fremden Planeten. Dort sieht er vier Außerirdische, die jeweils drei Köpfe auf ihrem Hals sitzen haben.

Frage: ______________________________

____

Skizze

Rechnung: ______________________________

Antwort: Er sieht insgesamt ________ Köpfe.

11 Ballspiele

Hol dir einen Ball und spiele diese Übung durch!

A. Prell den Ball zweimal auf den Boden und wirft ihn dann sechsmal so oft in die Luft.

Rechnung: ______________________________

B. Fang ihn viermal mit nur einer Hand und prell ihn dann sechsmal so oft von links nach rechts auf den Boden.

Rechnung: ______________________________

12 Achterbahnfahrt

A. In der Achterbahn gibt es Platz für 27 Kinder. In jeden Wagen passen neun Kinder.

Frage: ______________________________

____

Rechnung: ______________________________

Antwort: ______________________________

B. Bei 5 Wagen hätten ______ Kinder Platz.

Skizze

Rechnung: ______________________________

13 Schatzsuche

Die Piraten gehen auf große Schatzsuche. Nach drei Wochen landen sie auf ihrer angestrebten Insel. Nach zwei Wochen Suche finden sie endlich den Schatz. Nach 56 Tagen sind sie wieder zurück im Piratennest.

A. Nach ______ Tagen strandeten sie auf der Insel.

B. Nach weiteren ______ Tagen finden sie den Schatz.

C. Sie brauchen anschließend ______ Wochen bis sie wieder im Piratennest sind.

14 Unheimliche Burgbewohner

In jeder Burg wohnen gleich viele Geister

A. Verteile gerecht. Schreibe die Rechnung auf.

B. Prüfe mit der Malaufgabe: ______________________

15 Die Fahrt zum Fußballturnier

Sebastians Fußballmannschaft fährt zum Turnier. Es sind zusätzlich zu den Stammspielern noch drei Ersatzspieler dabei. Jeweils drei Kinder können in einem Auto mitfahren. Wie viele Autos werden benötigt?

Rechnung: ______________________________

____

Antwort: ______________________________

____

16 Verhexte Zahlen

A. Meine Zahl gehört zur 8er-Reihe und auch zur 4er-Reihe. Sie liegt zwischen 30 und 40.

Antwort: ______________________________

B. Meine Zahl ist kleiner als 50. Sie hat 9 Einer und ist eine Quadratzahl.

Antwort: ______________________________

C. Wenn ich zu meiner Zahl 9 dazu zähle erhalte ich 47.

Antwort: ______________________________

17 Einkäufe im Hexenkessel

Nick muss für das neue Projekt in der Zaubererschule noch einige Dinge einkaufen. Er geht in den Hexenkessel.

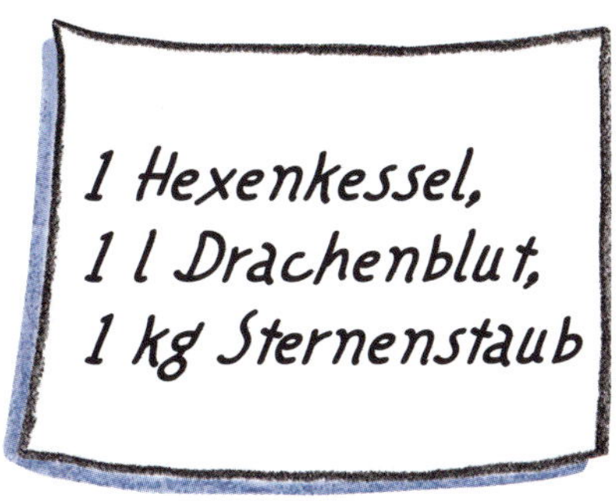

Antwort: Nik muss ____________ € bezahlen.

Wenn du Lust hast, kannst du noch eine eigene Einkaufsliste schreiben und diese berechnen.

18 Riese Rasmus braucht ein Bett.

Riese Rasmus richtet sich seine Höhle ein. Er ist mit 3 m 60 cm doppelt so groß wie ein normaler Mensch und hat Schwierigkeiten Möbel zu finden.

A. Wie lange muss sein Bett sein, wenn er oben und unten noch 15 cm überstehen haben möchte?

Rechnung: ______________________________

____

Antwort: ______________________________

Wenn du hier Schwierigkeiten hast, dann lies den Text oben nochmal ganz genau.

B. Ein Schrank für normale Menschen ist 2 m hoch. Wie hoch müsste dann der Schrank für den Riesen sein?

Rechnung: ______________________________

____

Antwort: ______________________________

C. Der Sohn des Riesen ist 8 Jahre alt und bereits 1 m 95 cm groß. Hol dir ein Maßband und miss deine Größe im Vergleich. Um wie viele cm ist der Sohn größer als du?

Rechnung: ______________________________

____

Antwort: ______________________________

1 m = 100 cm

19 So lebt ein Ritterkind.

Mit 7 Jahren verlässt ein Ritterjunge seine Eltern und wird Page auf einer Burg. Dort muss er viel lernen und arbeiten. Hier siehst du den Tagesplan des Pagen Kunibert.

5.30 Uhr: Stalldienst
6.30 Uhr: Frühstück
7.00 Uhr: 3 Stunden Unterricht in Lesen, Schreiben und Rechnen
______ Uhr: Unterricht in Schwertkampf
12.00 Uhr: Mittagsmahl und Ruhepause
15.00 Uhr: 60 min Reitunterricht
______ Uhr: Stalldienst
17.30 Uhr: Abendmahl
18.00 Uhr: Abendmesse
19.45 Uhr: Nachtruhe

A. Der Schwertkampf beginnt um ______ Uhr und endet um 11.30 Uhr. Das Training dauert also ______ min oder ______ h ______ min.

B. Der Stalldienst am Nachmittag beginnt um ______ Uhr.

C. Die Abendmesse dauert 45 min. Sie ist um ______ Uhr zu Ende.

D. Kunibert arbeitet insgesamt ______ h ______ min im Stall.

1 h = 60 min

20 Elfmeterschießen

Phil, Victor, Tim und Jakob spielen Elfmeterschießen. Auf einem Zettel führen sie eine Strichliste, wer in welchem Durchgang am häufigsten getroffen hat.

A. So oft haben die Kinder insgesamt getroffen:

	Durchgang 1	Durchgang 2	Durchgang 3
Phil	0	III	IIII
Victor	I	IIII	~~IIII~~
Tim	II	II	~~IIII~~
Jakob	~~IIII~~	III	~~IIII~~ I

Phil: ____________ Tim: ____________

Victor: ____________ Jakob: ____________

B. Kreuze die richtigen Aussagen an.

- ☐ 1. Phil hat die wenigsten Treffer erzielt.
- ☐ 2. Victor und Tim haben gleich oft getroffen.
- ☐ 3. Phil hat die Hälfte von Jakob getroffen.

C. Übertrage die Gesamtergebnisse aus der Strichliste in das Diagramm und ergänze die Balken.

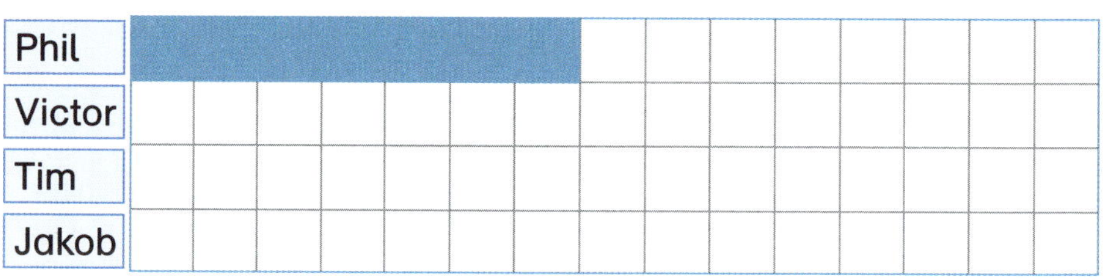

Anzahl der Treffer von 0 – 15 (pro Treffer ein Kästchen benutzen)

21 So lang waren die Dinosaurier.

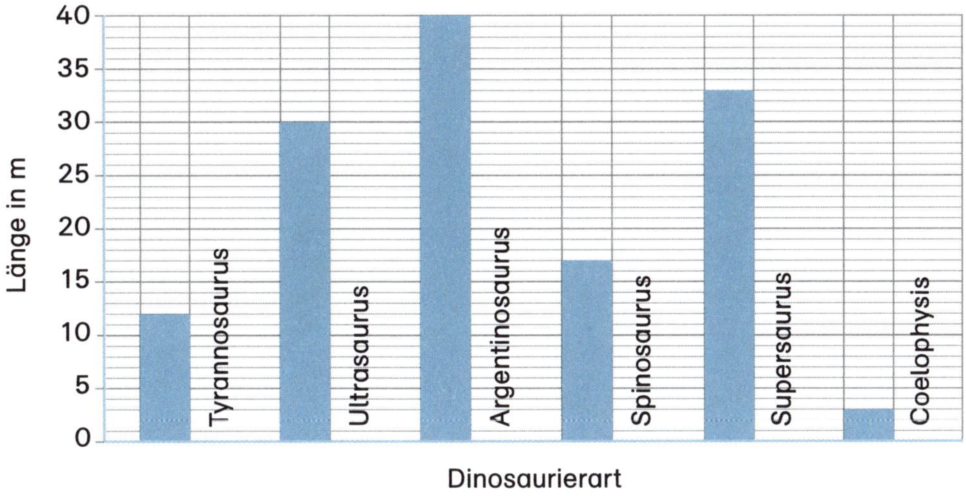

A. Wie viele Dinosaurier sind im Schaubild dargestellt?

____

B. So groß war der Ultrasaurus: __________

Spinosaurus: __________

C. Welche Dinosaurier waren länger als 30 m?

D. Kreuze die richtigen Aussagen an:

- ☐ 1. Das Schaubild zeigt wie hoch die Dinosaurier waren.
- ☐ 2. Der Coelophysis war der kleinste Dinosaurier.
- ☐ 3. Der Spinosaurus war der längste Dinosaurier.
- ☐ 4. Der Ultrasaurus und der Supersaurus waren gleich lang.
- ☐ 5. Der Spinosaurus war länger als der Tyrannosaurus aber kürzer als der Ultrasaurus.

22 Meine Familie

Basti ist jetzt 8 Jahre alt. Seine Mutter ist fünfmal so alt wie er und sein Vater ist noch einmal 4 Jahre älter. Dafür ist seine Schwester wieder viermal so jung wie der Vater.

Wie alt sind die einzelnen Familienmitglieder?

Schreibe deine Antworten auf die Linien rechts unter den Köpfen.

23 Ritter Frank

Frank möchte sich an Fasching als Ritter verkleiden. Seine Mutter bezahlt mit einem 50-Euro-Schein.

Nummeriere in welcher Reihenfolge du die Rechenfragen löst und rechne.

☐ a. Wie viel kosten Helm und Schwert?

____

☐ b. Wie viel Geld erhält die Mutter zurück?

____

☐ c. Wie viel kostet alles zusammen?

____

24 Das gefräßige Monster

Noah spielt am Computer ein lustiges Spiel. Ein kleines Monster versucht auf seinem Weg möglichst viele Bälle aufzufressen, bis es gefangen wird. Der erste Weg, der vor dem Monster liegt, besteht aus 4 Reihen mit je 6 Bällen.

A. Kreuze an, wie das Bild auf dem Bildschirm beim Start aussieht.

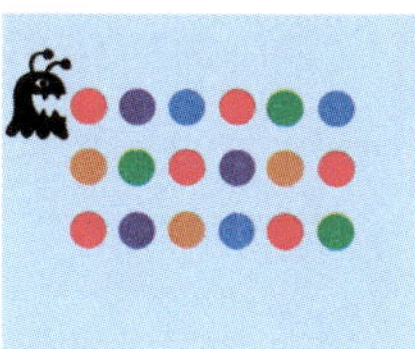
a. ☐

b. ☐

c. ☐

d. ☐

B. Bevor Noah das Monster fangen kann, hat es bereits alle äußeren Bälle aufgefressen.

Wie sieht der Bildschirm jetzt aus?

a. ☐

b. ☐

c. ☐

d. ☐

C. Wie viele Bälle sind übrig geblieben?

____

D. Hat das Monster es geschafft, mehr als die Hälfte der Bälle zu fressen?

Rechnung: __________________________________

____

Antwort: __________________________________

25 Treffen im Baumhaus

Lukas, Ronja und Jannik treffen sich im Baumhaus.
Dort zeigen sie sich gegenseitig ihre Comichefte. Lukas hat 20 Comichefte und Ronja 15. Jannik bringt 17 mit.

A. Verbinde die Frage mit der zugehörigen Rechnung. Rechne aus.

3. Wie viele Hefte haben alle drei zusammen?

1. Wie viele Comichefte haben Lukas und Ronja zusammen?

2. Wie viele Hefte bringt Jannik mit?

c. 20 + 15 = ______

d. 35 + 17 = ______

a. 20 + 15 + 17 = ______

b. 17

B. Welche Antworten gehören zu den drei Fragen aus A?
Male die passende Frage, Rechnung und Antwort in der gleichen Farbe an.

☆ Lukas und Ronja haben zusammen 35 Hefte.

□ Lukas und Ronja haben zusammen 52 Hefte.

○ Ronja hat 15 Hefte.

◇ Jannik bringt 17 Comichefte mit.

△ Zusammen haben alle drei Kinder 52 Hefte.

3. Klasse

Lösungsstrategien für Sach- und Textaufgaben

Tipp 1: Genau lesen – was ist wichtig?

1. Unterstreiche alle wichtigen Informationen.

Der kleine Zauberer Lu ist 8 Jahre alt und ist schon sehr aufgeregt. Heute darf er mit seinem 3 Jahre älteren Bruder Nik und seinen Eltern den großen Zauberermarkt besuchen. Die lange Strecke von 320 km darf er zum ersten Mal alleine auf seinem Besen fliegen. Nach 4 Stunden sind sie endlich am Ziel.

Wie viele km ist Lu in einer Stunde geflogen?

Rechnung: ______________________________

Antwort: ______________________________

____

Stell dir die Textaufgabe als Geschichte vor. Erzähle sie deiner Mutter oder deinem Vater in eigenen Worten oder spiele sie ihnen vor.

2. Unterstreiche alle wichtigen Informationen. Notiere dann alle wichtigen Angaben auf dem Stichwortzettel.

Auf dem Jahrmarkt herrscht schon ein emsiges Treiben. Lu sieht die vielen bunten Verkaufsstände und Spielbuden. Gemeinsam mit Nik kauft er sich schwarze Zuckerwatte, die je 1,50 € kostet. Anschließend geht Nik zum Dosenwerfen und bezahlt für drei Würfe 1,80 €. Voller Begeisterung fahren die beiden Zaubererjungen noch zusammen Hexenbahn, bei der der Eintritt 2,– € kostet.

Stichwortzettel

- 2 • 1,50 €
-
-

Wie viel Geld geben die beiden Zauberer zusammen aus?

Rechnung: ____________________

Antwort: ____________________

____

Wenn du eine schwierige Aufgabe hast, lies sie genau durch und stell sie dir als Bild oder Geschichte vor. Lies anschließend die Rechenfrage. Danach kannst du die Aufgabe nochmals lesen und dir die wichtigsten Informationen unterstreichen. Es kann dir auch helfen, wenn du dir die wichtigsten Stichpunkte auf einen Zettel schreibst.

Tipp 2: Passende Rechenfrage finden.

1. A Lies dir die Sachaufgaben genau durch. Unterstreiche die wichtigen Informationen.

1. Lu möchte auf dem Jahrmarkt noch unbedingt auf einem Drachen reiten. 5 min kosten 2,– €. Er hat in seinem Geldbeutel noch einen 5-Euro-Schein.

2. Nik hat noch 1 Stunde Zeit, bevor er sich wieder mit seiner Familie trifft. Mit 2 Freunden fährt er 5 min mit dem Geisterkarussell, 15 min verbringen sie im Spukschloss und 10 min essen sie vergnüglich Drachenmilcheis. Am Ende schlendern sie noch 20 min über den Jahrmarkt.

1. B Zu welchem Text passen die folgenden Fragen? Kreuze an.

	Text 1	Text 2	zu keinem
1. Reicht sein Geld?	☐	☐	☐
2. Kommt er pünktlich zu seiner Familie?	☐	☐	☐
3. Wie viele Minuten hat er noch Zeit?	☐	☐	☐
4. Wie viel bezahlen sie für das Eis?	☐	☐	☐
5. Wie oft kann er reiten?	☐	☐	☐
6. Wie viel Zeit verbringen sie zusammen?	☐	☐	☐
7. Wie heißen die Freunde?	☐	☐	☐
8. Wie viel Geld bekommt er zurück?	☐	☐	☐

1. C Schreibe für jeden Text eine Frage auf, bei der man rechnen muss.

Text 1: ______________________________

Text 2: ______________________________

Tipp 3: Skizzen können helfen.

1. A Lies dir die Sachaufgaben genau durch. Unterstreiche die wichtigen Informationen.

Schließlich treffen sich die zwei Zauberer wieder mit ihren Eltern. Gemeinsam gehen sie zum Zelt, in der die große Zauberschau stattfindet. Am Eingang geben sie ihre Besen ab. „Wie viele Zauberer wohl schon da sind?“ fragt Lu. Nik zählt. 25 Besen stehen bereits an der Garderobe. Zwei Gruppen von je 5 Zauberern kommen gerade an. 3 Zauberer verlassen das Zelt und holen sich wieder ihre Besen.

1. B Wie lautet die Rechenfrage? ______________________

____

1. C Vervollständige die Skizze.

Skizze

1. D Lies noch einmal die Frage. Gib eine passende Antwort.

____

____

Skizzen können dir helfen, eine Aufgabe besser zu verstehen. Du kannst dir zum Beispiel die Anzahl der verschiedenen Dinge (z. B. die Hexenbesen) aufmalen oder du machst bei Wegbeschreibungen eine Wegskizze, in die du z. B. die verschiedenen Entfernungen eintragen kannst. Eine Skizze soll schnell und einfach sein. Sie soll kein buntes Bild oder Kunstwerk werden.

Tipp 4: Rechenweg finden. Antwort geben.

1. A Lies dir die Sachaufgabe genau durch.
Unterstreiche die wichtigen Informationen.

Die Zaubererfamilie besucht noch Tante Rita. Die Hexe lebt im 85 km entfernten Flederhausen. Nach einer Stunde fliegen sie weiter und kommen nach 150 km schließlich zu den Teufelsbergen. Nach weiteren 105 km erreichen sie den Glückssee. Hier erholen sich Nik und Lu erst einmal von dem Flug und toben glücklich im Wasser. Als die Zauberer wieder zu Hause ankommen, sind sie insgesamt 405 km geflogen.

1. B Trage in die Skizze die passenden Zahlen ein.

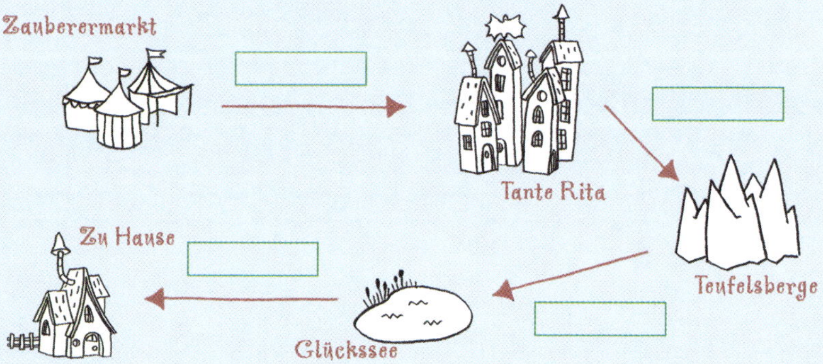

1. C **Rechenfrage:** ______________________________

____

Rechnung:

1. D **Antwort:** ______________________________

____

Mit einer Skizze kannst du dir die Aufgabe besser vorstellen.

Lösungsstrategien für Zahlenrätsel

Tipp 1: Rechenzeichen erkennen.

1. Zu welchem Zettel gehören die Satzstreifen? Verbinde die Ausdrücke mit dem richtigen Rechenzeichen auf den Zetteln.

Addiere 15

Bilde die Summe von

ist um 20 größer als

ziehe 5 ab

Zähle 30 dazu

ist um 20 kleiner als

Zähle 7 und 8 zusammen

Bilde die Differenz von

Subtrahiere 15

Addition +

Subtraktion −

Multiplikation •

Division :

Der vierte Teil von

Teile durch 4

Bilde das Produkt von

Bilde den Quotient von

Das Vierfache von

Halbiere

Verdopple

Dividiere durch 6

die Hälfte von

Multipliziere mit 6

Vervielfache um 5

Nimm mal mit 8

Tipp 2: Lösungswege planen.

1. A Lies genau und unterstreiche die wichtigen Ausdrücke.

Wenn ich von meiner Zahl 50 subtrahiere und die Hälfte von 90 dazuzähle, erhalte ich 200.

1. B Übersetze die Ausdrücke in Rechenzeichen. Schreibe zu dem Zahlenrätsel eine Rechenkette.

Wenn ich von meiner Zahl	50 subtrahiere und		die Hälfte von 90 dazu zähle	erhalte ich 200.
___	− 50 / + 50	___	+ 45 / − 45	200

2. Schreibe zu dem Zahlenrätsel eine Rechenkette.
Löse mit Hilfe der Rechenkette.

Ich denke mir eine Zahl, teile sie durch 5, multipliziere sie mit 6. So erhalte ich 54.

___		___		___

Die Umkehraufgabe hilft dir beim Lösen der Aufgabe.

26

Ritter Kunibert

Ritter Kunibert hat das Ritterturnier gewonnen und 178 Taler dafür erhalten. Abends spielt er mit einigen anderen Rittern ein Würfelspiel und verliert dabei wieder 66 seiner Taler.
Beantworte die Fragen. Kreuze die Rechenfragen an und rechne.

☐ 1. Wer hat das Ritterturnier gewonnen?

Antwort: ______________________________

☐ 2. Bei welchem Spiel verliert Kunibert wieder Taler?

Antwort: ______________________________

☐ 3. Wie viele Taler hat er gewonnen?

Antwort: ______________________________

☐ 4. Wie viele Taler hat Kunibert verloren?

Antwort: ______________________________

☐ 5. Wie viele Taler hat Kunibert noch übrig?

Antwort: ______________________________

27 Ein Papierflieger-Wettbewerb

Cem und Mario haben sich Papierflieger gebastelt und ein Wettfliegen veranstaltet. Alle drei Weiten wurden zusammengezählt.

Flug	Cem	Mario
Nr. 1	550 cm	6,10 m
Nr. 2	4,80 m	390 cm
Nr. 3	5,90 m	4,70 m

A. Frage: ______________________________

100 cm = 1 m

Antwort: ______________________________

B. Kreuze die Aussagen, die zutreffen, an.

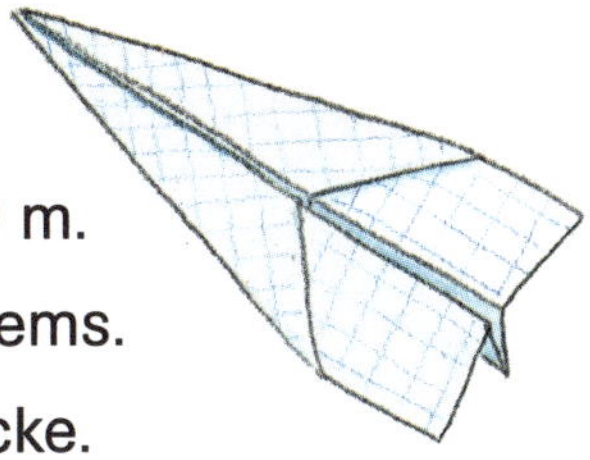

- ☐ 1. Keiner der Jungen kam insgesamt über 20 m.
- ☐ 2. Marios Flieger flog insgesamt weiter als Cems.
- ☐ 3. Marios Flieger flog die weiteste Einzelstrecke.
- ☐ 4. Cem und Mario sind beide acht Jahre alt.
- ☐ 5. Cem baute den besseren Flieger.

Bastle dir doch auch einen Papierflieger.
Wie weit kommst du mit drei Flügen?

28 Ein Skateboard für Carlo

Carlo möchte sich ein Skateboard für 107 € kaufen.
86 € hat er bereits gespart.

Frage: ______________________________

____

Rechnung: ______________________________

____

Antwort: ______________________________

29 Seeräuberbeute

Die Seeräuber Pocke, Raffzahn und Knolle kommen von ihren Raubzügen zurück. Pocke wirft 5 Perlenketten und 275 Goldstücke in die Schatztruhe. Raffzahn 3 Säbel und 333 Goldstücke. Knolle konnte 4 goldene Ringe und 286 Goldstücke erbeuten. Wie viele Goldstücke konnten sie zusammen erbeuten?

A. Unterstreiche alle wichtigen Informationen.

B. Rechne und gib eine Antwort.

Antwort: ______________________________

30 Im Fußballstadion

Im Fußballstadion des 1. FC Superschuss gibt es genau Platz für 1 000 Zuschauer. Die nächsten Spiele sind noch nicht ausverkauft.

Gegner	Verkaufte Karten
FC Schwalbe	720
1. SC Dusel	699
1. SV Faul	835

A. Berechne wie viele Karten es noch für die einzelnen Spiele gibt.

B. Ergänze die Antworten.

1. Für das Spiel gegen den FC Schwalbe gibt es noch ______________ Karten.

2. Für das Spiel gegen den 1. SC Dusel gibt es noch ______________ Karten.
3. Für das Spiel gegen den 1. SV Faul gibt es noch ______________ Karten.
4. Für das Spiel gegen ______________________________ gibt es noch die meisten Karten.
5. Für das Spiel gegen ______________________________ gibt es noch die wenigsten Karten.

Die Skizze hilft dir beim Lösen der Aufgabe.

31 Ole und Ralf

Die Freunde Ole und Ralf wollen sich treffen. Ole geht zu Fuß und läuft in einer Minute 180 m. Ralf fährt mit dem Fahrrad und kommt in einer Minute 320 m weit. Nach 2 Minuten treffen sie sich. Wie weit wohnen die beiden Freunde voneinander entfernt?

A. Vervollständige die Skizze.

Nach 1 Minute

Nach 2 Minuten

B. Rechne.

Antwort: ______________________________

32 Überall Spinnen

Kjell züchtet Spinnen. In seinem Terrarium hat er schon 9 Spinnen.
Wie viele Beine krabbeln dort über Blätter und Zweige?
Zeichne eine Skizze und rechne.

Skizze

Rechnung: ______________________________

Antwort: ______________________________

33 Zauberer Zwirtz

Zauberer Zwirtz möchte gerne besonders stark sein. Dafür braut er sich einen Zaubertrank. Er hat jedoch nur ein Rezept für kleine Kinder. Damit der Trank bei ihm richtig wirkt braucht er von allen Zutaten siebenmal mehr. Rechne für ihn das Rezept um.

Muskelberg-Limo
2 Mäuseschwänze
6 Nacktschnecken
4 Zauberwürmer
7 Blätter Hexenkraut

Rezept für Zwirtz
______ Mäuseschwänze
______ Nacktschnecken
______ Zauberwürmer
______ Blätter Hexenkraut

34 Felix springt Trampolin.

Felix springt in einer Minute achtzigmal auf dem Trampolin. Wie häufig würde er dann in zwei, drei, vier Minuten und in einer halben Minute springen? Wie oft schaffst du es in einer Minute auf der Stelle zu hüpfen?

Minuten	Sprünge Felix	Meine Sprünge
1	80	

Das hilft dir beim Multiplizieren mit ganzen 10er-Zahlen.
2 • 80 = ______ und 2 • 8 = ______

35 Verhexte Zahlen

A. Wenn ich von meiner Zahl 53 subtrahiere und zum Ergebnis 164 dazu zähle erhalte ich 756.

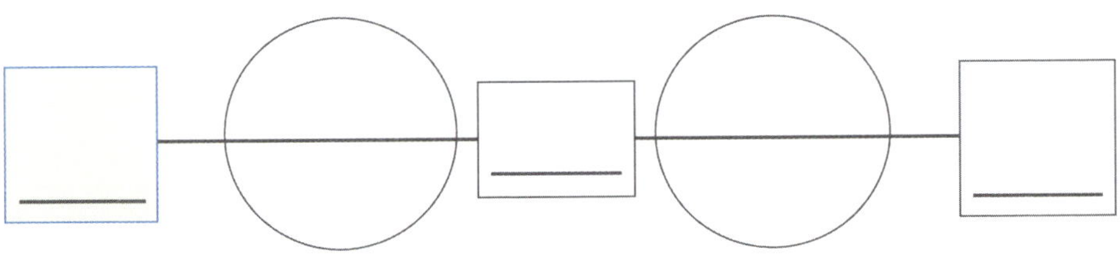

B. Ich denke mir eine Zahl, dividiere sie durch 6 und multipliziere das Ergebnis mit 9. So erhalte ich 108.

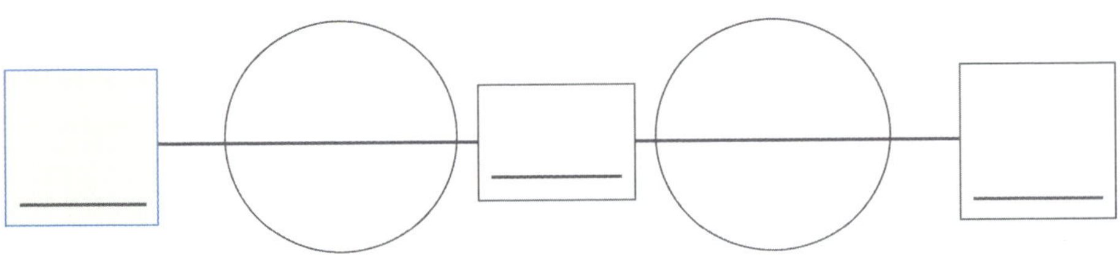

Auf Seite 41f. findest du Tipps für die Lösung von Zahlenrätseln.

36 Sammlerglück

Jens, Uli und Franko freuen sich. Sie haben in den Ferien im Laden von Ulis Oma geholfen. Zum Dank bekommen sie zusammen dafür 27 Päckchen mit Sammelbildern geschenkt. In jedem Päckchen sind sechs Bilder.

A. Wie viele Bilder sind es insgesamt?

Antwort: ______________________________

B. Wie viele Bilder erhält jeder Junge?

Antwort: ______________________________

37 Die Kinderzauberschule

Miro und Giovanni haben die Kinderzauberschule besucht. Ihre Zauberkünste dürfen sie in drei Vorstellungen aufführen. Im Saal gibt es Platz für 158 Zuschauer. Alle Vorstellungen sind ausverkauft.
Wie viele Karten wurden insgesamt verkauft?

A. Unterstreiche alle wichtigen Informationen.

B. Rechne.

Antwort: ______________________________

38 Reifenwechsel

In der Autowerkstatt Blechle ist viel los. 4 Autos wurden nach Unfällen zur Reparatur in die Werkstatt abgeschleppt. Bei 62 Autos werden an dem Tag die Reifen gewechselt und 7 Autos werden zur Inspektion gebracht. Wie viele Reifen haben die Automechaniker gewechselt?

A. Unterstreiche die wichtigen Informationen.

B. Rechnung: ______________________________

____

Antwort: Am Tag werden in der Werkstatt ________ Reifen gewechselt.

39 Gummibärchen

Dennis hat von seiner Oma eine Riesentüte mit 168 Gummibärchen geschenkt bekommen. Er möchte sie mit seinen drei Freunden gerecht teilen.

Vielleicht bekommst du ja auch ein Tüte Gummibärchen und teilst diese mit deinen Freunden oder Geschwistern.

Frage: ______________________________

Antwort: ______________________________

40 Ein neuer Dominorekord

Stefan versucht seinen eigenen Dominorekord zu verbessern. Er stellt 819 Dominosteine zu einer kunstvollen Figur auf. Er lässt den ersten Stein fallen und nach und nach kippen auch alle anderen um. In einer Sekunde fallen 9 Steine um.
Wie lange dauert es, bis alle Steine liegen?

Rechnung: ______________________________

____

Antwort: ______________________________

Gib die Antwort in Minuten und Sekunden an. 60 s = 1 min

41 Die Rennstrecke

Ralf baut mit seinen 4 Freunden eine Rennstrecke für seine Spielautos auf. Jeder Junge baut 65 cm der gesamten Strecke.

Frage: ______________________________

Skizze

Rechnung: ______________________________

____

Antwort: Die Rennstrecke ist ________ m ________ cm lang.

100 cm = 1 m

42 Juchu – Ferien!

Michael freut sich. In diesem Schuljahr hat er 7 Tage Herbstferien, 19 Tage Weihnachtsferien, eine Woche an Fasching frei, elf Tage an Ostern, 2 Wochen Pfingstferien und 6 Wochen Sommerferien.
Wie viele Ferientage hat er insgesamt?
Rechne mit Hilfe der Tabelle.

Ferien	Wochen	Tage
Herbst	1	
Insgesamt:		

Antwort: ______________________________

43 Ein perfekter Ferientag

Ergänze die fehlenden Uhrzeiten und Textstellen.

A. Um 10.15 Uhr kommen meine Freunde und holen mich zum Spielen ab. Zuerst spielen wir eine Stunde und fünfzehn Minuten Fußball.
Anschließend spielen wir noch eine halbe Stunde „Verstecken".
Dann ist es __________ Uhr.

B. Um __________ Uhr machen wir ein gemeinsames Picknick. Eine drei viertel Stunde später liegen wir dann faul auf der Wiese.
Es ist jetzt __________ Uhr.

C. Juhu, um 14.00 Uhr gehen wir zum Schwimmen. Nach drei Stunden gehen wir nach Hause. Für den Heimweg brauche ich noch zwanzig Minuten.
Um __________ Uhr bin ich wieder daheim.

D. Um 21.15 Uhr muss ich das Licht ausschalten und schlafen gehen.
25 Minuten vorher lege ich mich ins Bett und lese noch ein spannendes Buch.
Zu dem Zeitpunkt ist es __________ Uhr.

44 Luis bekommt neue Ski.

Luis ist ein begeisterter Skifahrer. Er braucht eine neue Ausrüstung. Die Ski kosten 365 €, die Stöcke 36 € und die Skistiefel 134 €.
In seinem Sparschwein hat Luis noch 200 €.
Von seinen Großeltern bekommt er noch 150 € dazu. Den Rest bezahlen seine Eltern.
Bringe die Rechenfragen in eine sinnvolle Reihenfolge.
Beantworte sie.

☐ a. Wie viel kostet alles zusammen?

Rechnung: ______________________________

Antwort: Alles zusammen kostet ________ €.

☐ b. Wie viel Euro müssen seine Eltern noch bezahlen?

Rechnung: ______________________________

Antwort: Seine Eltern müssen noch ________ € bezahlen.

☐ c. Wie viel Geld hat Luis?

Rechnung: ______________________________

Antwort: Luis hat ________ €.

☐ d. Was kosten die Ski und die Skistiefel zusammen?

Rechnung: ______________________________

Antwort: Die Ski und die Skistiefel kosten ________ €.

45 Das Rittermahl

Am Abend nach dem Ritterturnier findet ein großes Rittermahl statt. Kunibert isst 250 g Rebhuhn, $\frac{1}{2}$ kg Wildschwein, 150 g Kartoffeln, 30 g Preiselbeeren und 300 g Bratapfel. Kunibert wog vor der Mahlzeit 83 kg 400 g.

Frage: ______________________________

____

1 kg = 1 000 g

Antwort: ______________________________

1 t = 1 000 kg

46 Der Elefant auf der Wippe

Die Tiere freuen sich, sie haben eine neue Wippe. Die Giraffe wiegt 800 kg, das Nashorn 3,6 t, und das Nilpferd 1,6 t. Ist das Gewicht gleich verteilt?

6 t ____ ____ ____ ____

Antwort: ______________________________

47 Ein Haus aus Papier

Mika und Rocco bauen ein Haus aus alten Kartons und gefaltetem Papier. Der 1. Stock ist 30 cm hoch, der 2. Stock 18 cm und der 3. und 4. Stock sind jeweils 21 cm hoch. Wie hoch ist das Dach, wenn das Haus insgesamt 1,24 hoch ist?

Rechnung: ______________________________

Antwort: ______________________________

Wenn du Schwierigkeiten beim Lösen der Aufgabe hast, dann zeichne dir doch eine Skizze auf ein extra Blatt Papier. Baue selbst ein Haus aus Papier. Wie hoch ist dein Haus?

48 Eine Fahrradtour

am Nachmittag

A. Setze die Begriffe an der richtigen Stelle ein.

erste | halbe | doppelt | Erik | 12,5

Noah und ______________ unternehmen gemeinsam eine Radtour. Die ______________ Etappe führt sie nach 9 km zur Sommerrodelbahn. Dort rodeln sie einmal und fahren dann weiter zur ______________ km entfernten Burgruine Gruselheim. Nach einer Rast von 20 min radeln sie weiter und kommen nach 13 km zum Abenteuerspielplatz. Eine ______________ Stunde toben sie dort bis sie sich zur letzten Etappe aufmachen, die ______________ so lang ist wie ihre erste. Glücklich kommen sie ______________ wieder nach Hause.

B. Vervollständige die Skizze.

Skizze

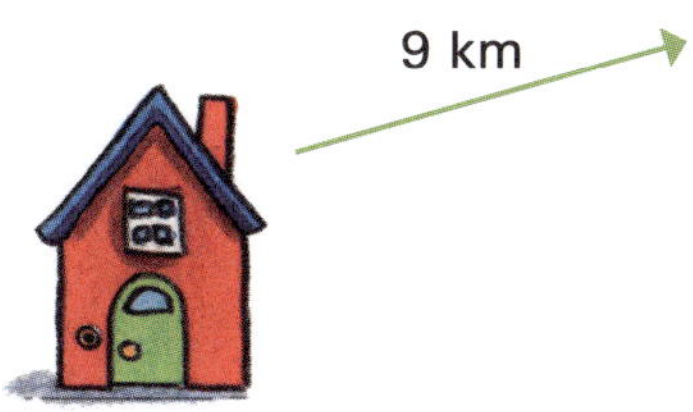

C. Rechne: ____

____

Antwort: Sie sind insgesamt ______________ km Rad gefahren.

Die Skizze auf Seite 40 hilft dir beim Erstellen deiner eigenen Skizze.

49 Standweitsprung

Die Kinder haben einen Wettkampf im Standweitsprung veranstaltet. Wer ist der Beste?

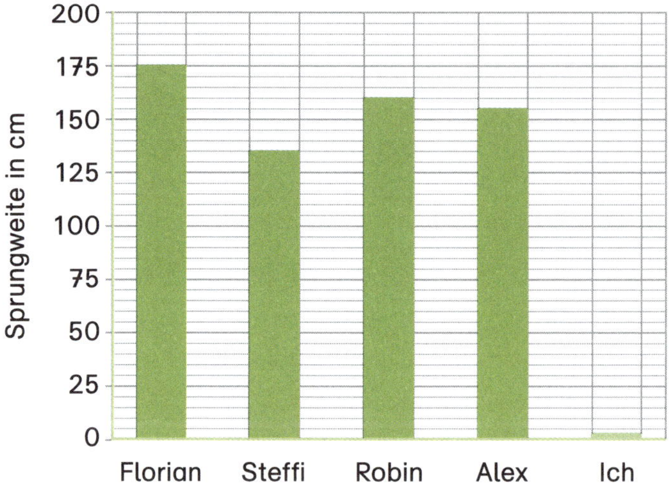

A. Springe mit beiden Beinen gleichzeitig ab. Wie weit kommst du? Trage dein Ergebnis in das Schaubild ein.

B. Beantworte folgende Fragen:

1. Was kannst du aus dem Diagramm ablesen?

____

2. Wie viele Kinder sind gesprungen?

____

3. Wer ist am weitesten gesprungen?

____

4. Wer ist am kürzesten gesprungen?

____

5. Wie groß ist der Unterschied zwischen diesen beiden Sprüngen?

____

50 Schwere Verkehrsmittel

A. Trage auch diese Verkehrsmittel in das Schaubild ein: Walze: 10 t, Bagger 5 t

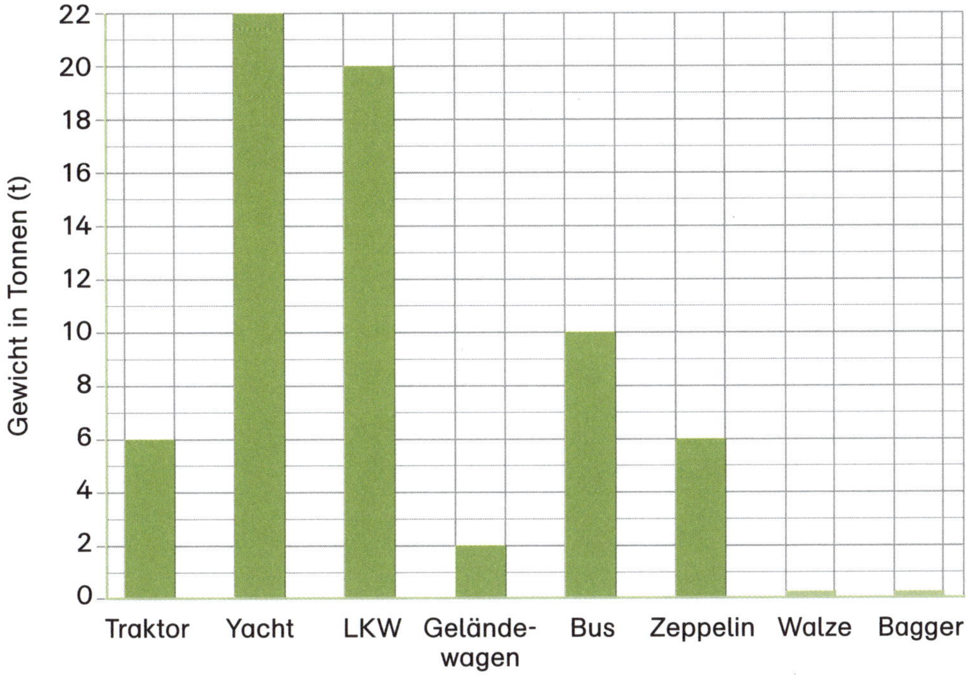

B. Lies das Schaubild genau und ergänze den Text.

1. ______________________ ist das schwerste Verkehrsmittel.
2. ______________________ ist das leichteste Verkehrsmittel.
3. Ein Traktor ist genauso schwer wie ein ______________________ ______________________.
4. Eine Walze ist doppelt so schwer wie ______________________ ______________________.
5. ______________________ Geländewagen wiegen gleich viel wie ein Bus.
6. Eine Boeing 747 wiegt 400 t. Sie wiegt so viel wie ______________________ Geländewagen.

51 Sammelleidenschaft

Rudi sammelt seit einer Woche Fußballbilder. In sein Album passen 160 Sammelbilder.

A. Rudi notiert in der Tabelle die Anzahl der Bilder, die er an den jeweiligen Tagen hat und wie viele Bilder ihm noch fehlen. Ergänze seine Tabelle.

	Mo	Di	Mi	Do	Fr	Sa	So
Ich habe:	6	10					38
Es fehlen noch:	154	150				125	

- Am Montag bekommt Rudi 1 Päckchen mit je 6 Sammelbildern und das Album dazu geschenkt.
- Am Mittwoch kauft sich Rudi von seinem Taschengeld 2 Päckchen. Leider sind drei Bilder gleich.
- Am Donnerstag tauscht er die drei gleichen Bilder ein.
- Am Freitag gewinnt Rudi bei einem Spiel 5 Bilder.

B. Trage in das Schaubild ein, wie viele Bilder er an den jeweiligen Wochentagen hat.

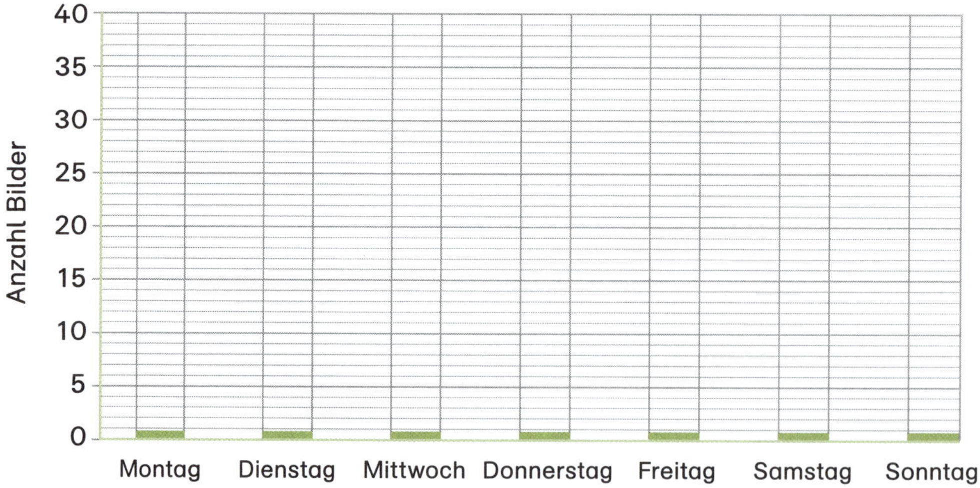

52 Eine Strickleiter für den Garten

Tom hat mit seinem Vater im Garten eine Strickleiter an einen Baum gehängt. Im Abstand von 25 cm haben sie sechs Sprossen geknüpft. Die erste Sprosse ist auf einer Höhe von 30 cm angebracht und der Abstand von der letzten Sprosse bis zum Knoten am Ast beträgt 45 cm.
Wie hoch hängt der Ast?

Vervollständige die Skizze und rechne.

Skizze

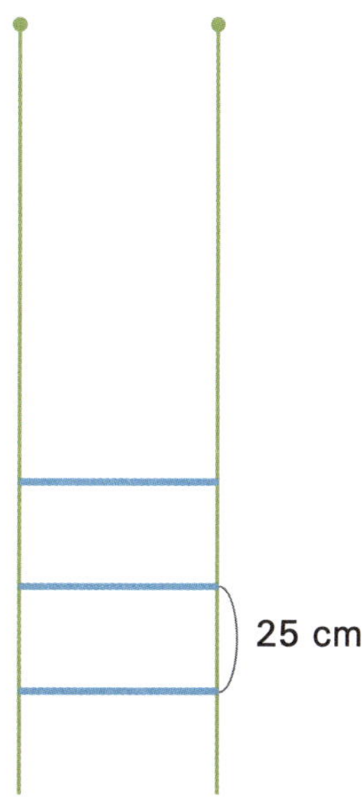

Antwort: ______________________________

53 Eine Flussdurchquerung

Abenteurer Jack muss einen Fluss durchqueren, in dem Krokodile schwimmen. Am anderen Ufer warten schon die Geier auf Fressen. Beunruhigt zählt er insgesamt 14 Köpfe und 44 Füße.
Wie viele Krokodile und Geier sind es?

A. Löse mit Hilfe einer Skizze und überprüfe dein Ergebnis durch die Rechnung.

Skizze

Antwort: ______________________________

54 Handballtraining

Tobias geht zweimal in der Woche ins Handballtraining. Mit seinem Cityroller braucht er für den Weg 15 min. Es beginnt um 17.00 Uhr. Tobias trifft sich allerdings schon immer 10 min früher mit seinen Freunden.

Abfahrtzeit → Zeit für die Strecke → Ankunftszeit

Er muss um ____________ Uhr los fahren.

55 Seeräuber Pocke

Seeräuber Pocke kauft auf dem Piratenmarkt ein.
Er kauft vier Dinge für 14,50 Goldtaler (Gt) ein.
Findest du die verschiedenen Möglichkeiten?

Vorsicht:
Pocke kauft von manchen Dingen auch mehr als nur ein Stück ein.

1	Augenklappe	1,50 Gt
___	Flaschenpost	___ Gt
___	___	___ Gt
Vier Dinge für:		___ Gt

___	Säbel	___ Gt
___	Ananas	___ Gt
___	___	___ Gt
Vier Dinge für:		___ Gt

___	Fernrohr	___ Gt
___	___	___ Gt
2	___	___ Gt
Vier Dinge für:		___ Gt

___	Fernrohr	___ Gt
___	___	___ Gt
2	___	___ Gt
Vier Dinge für:		___ Gt

56 Staffellauf

Am Sporttag seiner Schule nimmt Christian mit seinen Freunden an einem Staffellauf teil. Von den 184 Schülern konnten sich immer Achter-Teams für den Start melden. Jeder Junge läuft 125 m der Strecke und übergibt dann das Staffelholz an den nächsten Läufer.

A. Unterstreiche alle wichtigen Informationen im Text.

B. **Frage:** ______________________________

Skizze

Antwort: Ein Team läuft insgesamt eine Strecke von __________ m.

C. Wenn die Strecke 1 km 440 m lang wäre müsste jeder Junge __________ m laufen.

1 km = 1 000 m

57 Stefans Geburtstagswunsch

Stefan wünscht sich zum Geburtstag eine Videospielkonsole für 149,99 € und dazu passend zwei Spiele. Das Autorennen kostet 43,50 € und das Spiel mit den Olympischen Spielen 35,50 €. Die Eltern, Großeltern und der Patenonkel erfüllen ihm gemeinsam den Wunsch.

A. Wie teuer ist das Geschenk insgesamt?

B. Wie viel Geld müssen Eltern, Großeltern und der Patenonkel jeweils bezahlen?

58 Ein eigener Hubschrauber

①

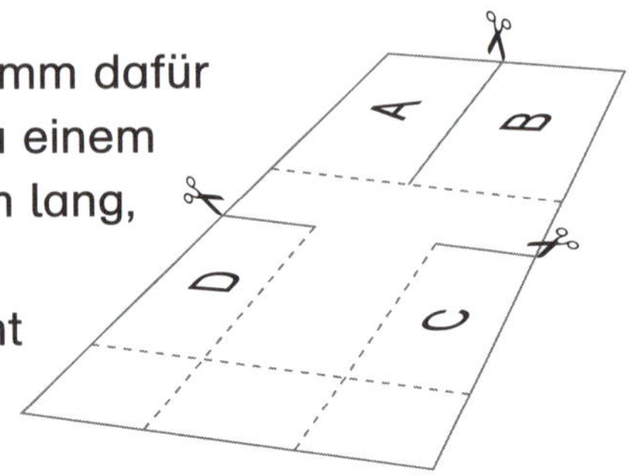

Bastele dir einen Hubschrauber! Nimm dafür ein Blatt Papier und schneide es zu einem Rechteck. Die lange Seite ist 30 cm lang, die kürzere Seite 23 cm kürzer. Die Flächen A und B sind insgesamt 8 cm lang und werden durch einen 4 cm langen Schnitt voneinander getrennt. Schneide das Rechteck an den 3 durchgezogenen Linien ein.

②

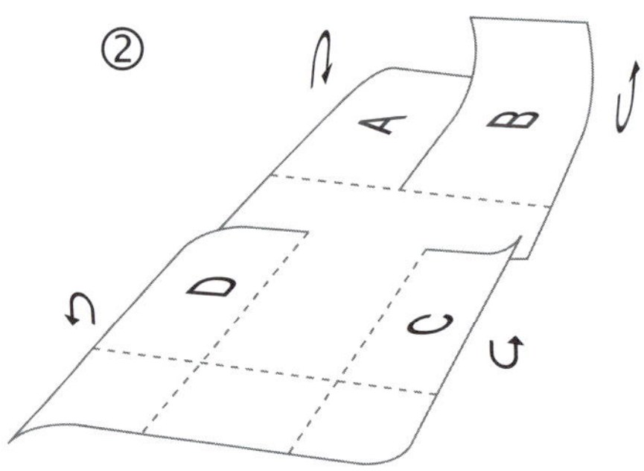

③

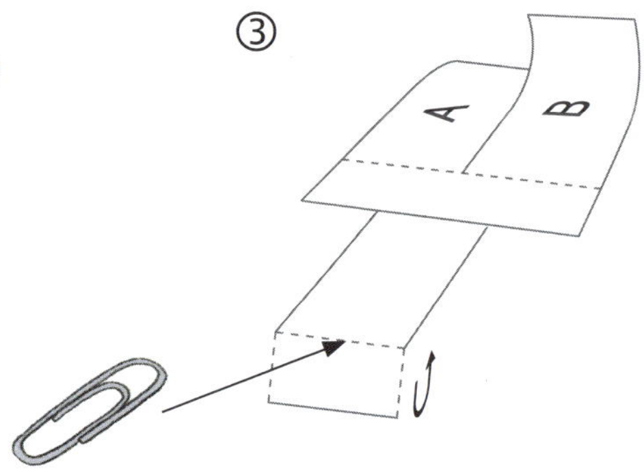

Falte nun die Fläche C nach vorne und die Fläche D nach hinten. Knicke das untere Ende um und befestige eine Heftklammer als Gewicht. Jetzt musst du nur noch den Flügel A nach hinten und den Flügel B nach vorne knicken und schon kannst du deinen Hubschrauber in die Luft werfen.

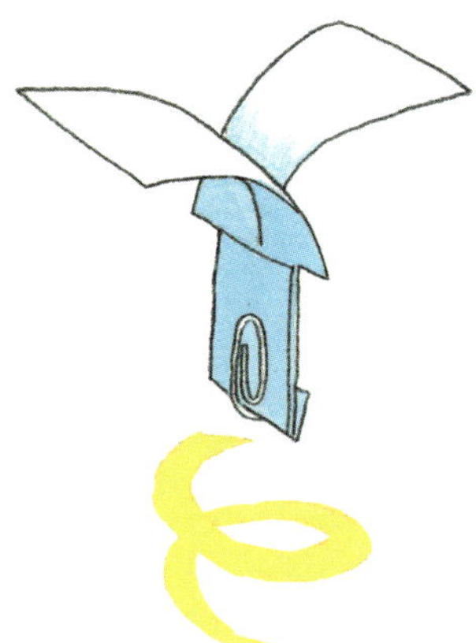

Du kannst deinen Hubschrauber entweder vorsichtig in die Luft werfen, oder ihn von einem höheren Punkt aus (z. B. stehend auf einem Stuhl) herunter werfen.

59 In der Fußballkabine

Der 1. FC Superschuss hat für die Spiele verschiedene Trikots, Hosen und Stutzen zur Auswahl. Wie viele verschiedene Möglichkeiten haben die Fußballspieler sich anzuziehen?

Du hast verschiedene Möglichkeiten die Aufgabe zu lösen.

1. Mit Hilfe einer Skizze:
Zeichne auf ein extra Blatt Papier.

2. Mit Hilfe eines Baumdiagramms:
Zeichne auf ein extra Blatt Papier.

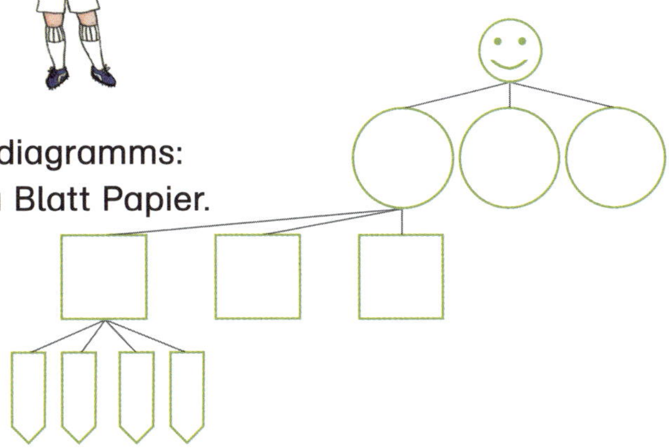

3. Durch eine Rechnung: ______________________________

____

Antwort: ______________________________________

60 Raketen-Logical

Lies dir zuerst den ganzen Text durch. Male dann die Raketen und deren Spitzen in der richtigen Farbe an und schreibe ihren Namen in die Kästchen.

1. Die Raketenspitzen sind weiß, gelb oder schwarz.
2. Die Raketenspitze rechts ist nicht weiß.
3. Die Raketenspitze in der Mitte ist nicht gelb.
4. Die Raketenspitze links ist schwarz.
5. Die Rakete mit der schwarzen Spitze heißt nicht Ariane 3 und fliegt auch nicht neben ihr.
6. Die Ariane 2 fliegt neben der roten Rakete.
7. Die Ariane 1 ist am weitesten von der grünen Rakete entfernt.
8. Die Ariane 3 fliegt neben der blauen Rakete.

4. Klasse

Lösungsstrategien für Sach- und Textaufgaben

Tipp 1: Informationen aus Texten gewinnen.

1. Lies genau. Unterstreiche alle wichtigen Informationen.

Die zwei Zaubererkinder Nik und Lu wünschen sich einen Drachen. Ein Gehege haben sie bereits im Garten und einen Trog für das Futter und die Drachentränke sowie 10 Ballen Stroh kaufen die Eltern. Um das Zubehör und das Fressen müssen sich die Kinder selber kümmern. Sie brauchen dafür noch einen Sack Mäusedreck und eine Kiste Schlangeneier. Außerdem fehlt noch ein Sattel und Zaumzeug, damit sie auf dem Drachen reiten können.

Was bezahlen die Eltern? Worum müssen sich die Kinder kümmern? Notiere alle wichtigen Angaben.

Sattel	150 €
Zaumzeug	80 €
Peitsche	25 €
Trog	25 €
Tränke	70 €
1 Sack Mäusedreck	18 €
1 Kiste Schlangeneier	17 €
10 Ballen Stroh	20 €

Stichwortzettel

Tipp 2: Fachbegriffe erkennen.

1. Lies dir die Sachaufgaben genau durch. Unterstreiche alle wichtigen Informationen.

1. A Zu jeder Rechengeschichte gehören drei Begriffe. Ordne sie zu.

1. Nik und Lu fahren mit der Zaubererbahn zum Drachenturnier. Um 9.30 Uhr fährt die Bahn in Besenstadt ab. Um 10.15 Uhr ist sie in Feuerdorf. Wie lange sind die beiden Zaubererkinder unterwegs?

2. Lu verkauft dort selbstgebrauten Zauberersaft. Für die Zutaten hat er 20 € ausgegeben. Er verkauft Saft im Wert von 55 €. Wie hoch war sein Gewinn?

Einzelpreis	Ankunftszeit	Fahrzeit
Einnahme	Abfahrtszeit	Ausgabe
Anzahl	Gewinn	Gesamtpreis

1. B Schreibe zu den drei restlichen Begriffen eine eigene Rechengeschichte.

Tipp 3: Rechenweg finden. Antwort geben.

1. A Lies dir die Sachaufgaben genau durch. Unterstreiche die wichtigen Informationen.

Nik will sich mit seinem Freund Tom im Drachenpark treffen. Nik fliegt die 4 km bis dort hin auf seinem Besen. Für jeden Kilometer braucht er 2 Minuten. Tom muss 6 km fliegen und braucht für jeden Kilometer 1 Minute und 30 Sekunden. Beide Zauberer fliegen um 14.00 Uhr los. Welcher der beiden Jungen kommt als erstes an?

1. B Trage in die Skizze die passenden Zahlen ein.

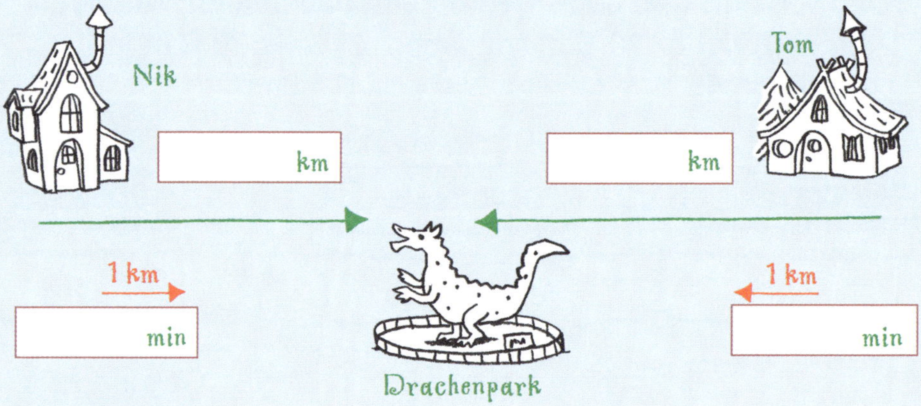

Rechnung:

Nik	
1 km	2 min

Tom	
1 km	1 min 30 s

Antwort: ______________________________

____

Tipp 4: Aufgabentexte finden.

1. Schreibe zu diesem Stichwortzettel eine eigene Rechengeschichte.

2 Packungen Zauberbonbons: je 2,30 €

1 Zeitschrift „Drachen Fan“: 2,50 €

2 Flaschen Geisterwasser: je 1,80 €

Geld von Mama und Papa: 5 €

Taschengeld: ______ €

Rechenfrage: ____

____

Antwort: ____

61 Wo werden unsere Fußbälle hergestellt?

A. Setze die Begriffe an der richtigen Stelle ein.

fairem | 39 Rupien | 9 000 | Europa | 10 Stunden | Schule | Pakistan | 3 | 10 Jahre

Die meisten Fußbälle kommen aus __________ und werden dort von Hand hergestellt. Die Näher arbeiten täglich ungefähr __________, um 32 Kunstlederwaben mit 650 Stichen zu einem Fußball zusammenzunähen. Damit die Familie im Monat genug Geld zum Leben hat, benötigt sie ca. __________ Rupien. Die Löhne der Näher sind so niedrig, dass auch die Kinder arbeiten müssen. Ali ist __________ alt. Wenn er schnell arbeitet, kann er an einem Tag __________ Bälle nähen und erhält pro Ball 15 Rupien. In __________ können wir jetzt auch Bälle aus __________ Handel kaufen. Erwachsene Näher erhalten hier __________ anstatt den sonst üblichen 25 Rupien pro Ball. So können die Eltern, wenn sie beide am Tag fünf Bälle nähen, genug Geld verdienen, damit ihre Kinder wieder zur __________ gehen können.

B. Die Familie von Ali verdient in einem Monat mit 30 Tagen __________ Rupien, wenn sie zu dritt arbeiten.

C. Die Eltern verdienen bei Bällen aus fairem Handel ca. __________ Rupien in einem Monat mit 30 Tagen.

Schreibe deine Rechnungen auf ein extra Blatt Papier. Übrigens 9 000 Rupien entsprechen ungefähr 81 Euro.

62 Zahlensalat

Jonas macht Mathe-Hausaufgaben. Er hat sich einen Stichwortzettel zu seiner Übung gemacht.

A. Welcher der Texte passt zu seinem Stichwortzettel?

Stichwortzettel

```
  25 412
+ 43 250
+ 38 039
```

- [ ] 1. In einem Garten leben in der Erde 25 421 Würmer, 43 250 Ameisen und 38 309 andere Tiere.
- [ ] 2. Für ein Bundesligaspiel wollen noch 25 412 Fans eine Karte. Von den 43 250 Karten wurden bereits 38 039 verkauft.
- [ ] 3. Der Jahrmarkt lockt viele Menschen an. Am Freitag kommen 25 412 Menschen, am Samstag besuchen 43 250 Menschen den Jahrmarkt und am Sonntag sind es 38 039 Besucher.
- [ ] 4. Frau Mauritz möchte sich ein Auto kaufen. Der VW Passat kostet 25 412 €, der BMW 43 250 € und der Audi 38 039 €.

B. Finde eine passende Frage und rechne sie aus.

Frage: ______________________________

Rechnung: ______________________________

Antwort: ______________________________

63 Zahlensalat Teil 2

A. Welche Aufgabe passt zur folgenden Rechnung? Kreuze an.

	1	2	5	0	1	7
−		3	4	7	1	5

☐ 1. Im April besuchten 125 017 Besucher den Zoo. Am ersten Maiwochenende kamen noch 34 715 Besucher dazu.

☐ 2. Das Auto von Familie Haas hat 125 017 km auf dem Tacho. Im nächsten Jahr ist der Vater ca. 34 715 km beruflich mit dem Auto unterwegs.

☐ 3. Dividiere 125 017 durch die Zahl 34 715.

☐ 4. Das Freibad Sonnenschein wurde diesen Sommer von 125 017 Menschen besucht. Da es in diesem Jahr weniger regnete, waren es 34 715 Besucher mehr als im Vorjahr.

B. Finde eine passende Frage und rechne aus.

Frage: ______________________________

____

Antwort: ______________________________

64 Fußball-Bundesliga

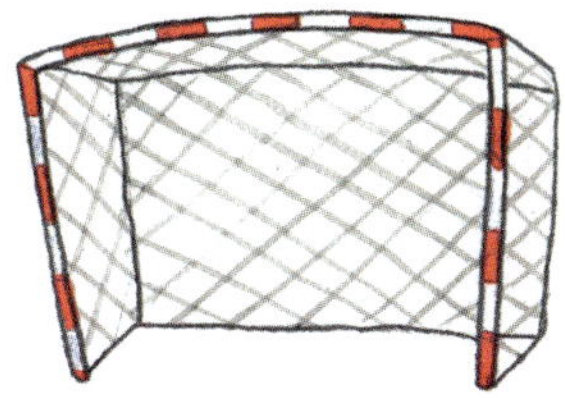

Das Gottlieb-Daimler-Stadion in Stuttgart hat Platz für 54 267 Zuschauer. Davon sind 25 000 Plätze für Dauerkartenbesitzer. Für das nächste Heimspiel sind von den übrigen freien Karten bereits 28 809 Karten verkauft.

Frage: ______________________________

____

Antwort: ______________________________

____

65 Turnfest

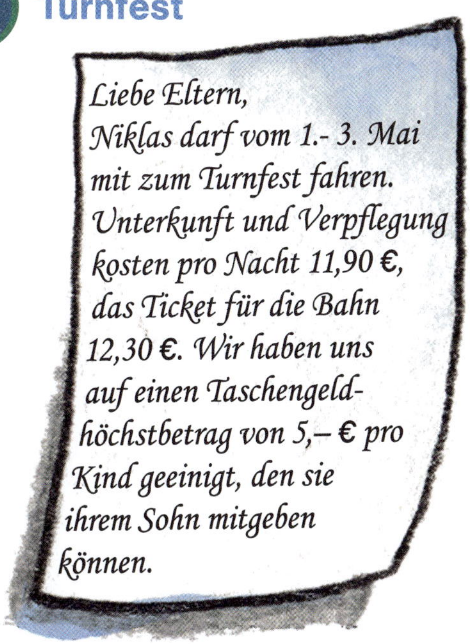

Liebe Eltern,
Niklas darf vom 1.- 3. Mai mit zum Turnfest fahren. Unterkunft und Verpflegung kosten pro Nacht 11,90 €, das Ticket für die Bahn 12,30 €. Wir haben uns auf einen Taschengeldhöchstbetrag von 5,– € pro Kind geeinigt, den sie ihrem Sohn mitgeben können.

Wie viel Geld müssen die Eltern dem Verein zahlen?

Antwort: ______________________________

66 Höhenunterschied

Der größte Höhenunterschied auf der Erde beträgt 19 882 m. Dies ist der Unterschied zwischen der tiefsten Stelle im Ozean, dem Marianengraben und dem höchsten Berg der Erde, dem Mount Everest mit 8 848 m Höhe. Wie viele Meter unter dem Meer liegt die tiefste Stelle im Marianengraben?

Skizze

Antwort: ____

67 Ein Fantrikot für Sebastian

Sebastian ist ein großer Fußballfan und möchte sich gerne ein Trikot der deutschen Nationalmannschaft kaufen. Das Trikot kostet 42,45 €. In seinem Sparschwein hat er bereits 28,50 €.

Frage: ____

Antwort: ____

68 Treppen-Wettlauf

Max und Ben laufen Treppenstufen um die Wette. Beim ersten Durchgang rennen sie die 100 Stufen hoch und müssen dabei jede Treppenstufe benutzen. Beim zweiten Durchgang dürfen sie nur jede zweite Treppenstufe berühren.

	Lauf 1	Lauf 2	Gesamte Laufzeit
Max	43 s	59 s	______ min ______ s
Ben	46 s	57 s	______ min ______ s

A. Berechne die gesamte Laufzeit beider Läufe für jeden Jungen.

B. Suche ein Frage zu der folgenden Antwort und vervollständige die Antwort.

Frage: ____

Antwort: ______________________________ hat gewonnen.

Mache doch mal mit einem Freund einen Treppenwettlauf.
Mit einer Stoppuhr könnt ihr eure Zeit messen.

69 Spielfeld

Andi und Christian wollen gegeneinander Federball spielen. Sie malen mit Straßenkreide ein Spielfeld auf den Boden. Eine Spielfeldhälfte ist 13 Platten lang und 9 Platten breit. Aus wie vielen Platten besteht das ganze Spielfeld?

Skizze

A. Zeichne eine Skizze.

B. Rechnung: ____________________

Antwort: ____________________

70 Der Eiffelturm

Oskar und Jannika wollen aus Bausteinen den Eiffelturm nachbauen. Sie haben 12 weiße Steine, achtmal so viele blaue, sechsmal so viele rote und neunmal so viele grüne Steine zur Verfügung.

Stichwortzettel

Antwort: Sie haben insgesamt ____________ Steine zur Verfügung.

Wenn du Lust hast, kannst du ja auch mal versuchen, den Eiffelturm nachzubauen. Er steht übrigens in Paris und ist 324 m hoch.

71 Verhexte Zahlen

Ich denke mir eine Zahl, verdopple sie, subtrahiere dann 153 261 und multipliziere das Ergebnis mit 4. Wenn ich nun 32 104 addiere, erhalte ich 504 756.
Trage die Zahlen in die Rechenkette ein. Rechne.

Beim Rechnen hilft dir die Umkehraufgabe. Lies dir auch nochmal auf Seite 41f. die Lösungsstrategien für die Zahlenrätsel durch.

72 Regenwaldexpedition

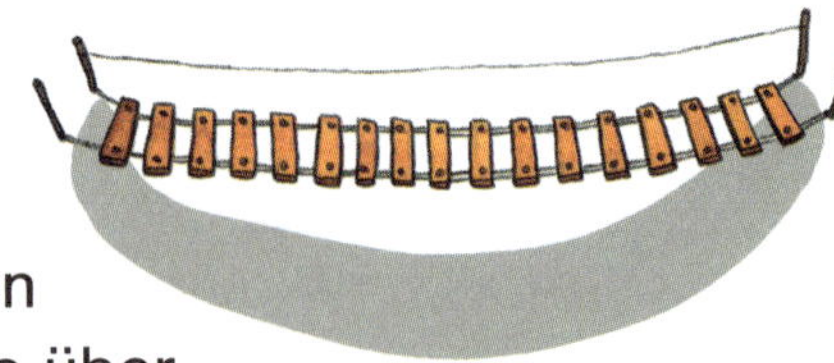

Bei einer Regenwaldexpedition kommen die Forscher an eine Wackelbrücke, die über eine tiefe Schlucht führt. Die 17 Holzbretter sind als Fußtritte im Abstand von 35 cm zueinander angebracht. Das erste und das letzte Brett sind jeweils nur 20 cm vom Boden entfernt. Wie breit ist die Schlucht?

Skizze

Antwort: ______________________________

73 Liegestütz

Der Weltrekord im Liegestütz machen hält der Inder Bjender Singh. Er schafft es die meisten Liegestütze in einer Stunde zu machen. Im Durchschnitt macht er 57 Liegestütze in einer Minute.

Frage: ______________________________

Antwort: Sein Rekord liegt bei ungefähr ______________ Liegestützen in der Stunde.

Und nun versuch es mal selbst! Wie viele Liegestützen schaffst du in einer Minute?

74 Völkerballturnier

Nach dem Völkerballturnier trank jeder der 73 Viertklässler zwei Becher Wasser, die je mit 0,25 l Wasser gefüllt waren.

Frage: ______________________________

Antwort: Die Kinder tranken zusammen ______ l ______ ml.

Schreibe deine Rechnungen auf ein extra Blatt Papier.
Denke daran, 1 000 ml = 1 l.

75 Außerirdische Besucher

Eine Gruppe Außerirdischer von verschiedenen Planeten unseres Sonnensystems landet mit ihrem Ufo auf der Erde. Auf jedem Planeten dauert ein Jahr unterschiedlich lange. Die Außerirdischen sind auf ihrem Planeten alle 8 Jahre alt. Wie alt wären sie auf der Erde?

	1 Jahr auf der Erde dauert auf dem Planeten:	Alter des Außerirdischen auf der Erde:
Neptun	165 Jahre	1320
Merkur	88 Jahre	
Mars	2 Jahre	
Jupiter	12 Jahre	
Saturn	29 Jahre	
Pluto	8 Jahre	

76 Der Mathematikroboter

Wäre es nicht toll, wenn du einen Roboter hättest, der für dich die Mathematikhausaufgaben machen könnte? Rob, das kleine Superhirn, schafft es in acht Stunden 79 992 Mathematikaufgaben zu lösen.
Wie viele löst er in einer Stunde?

Antwort: ______________________________

77 Halloween

Lucas zieht in der Halloweennacht mit seinen drei Freunden von Haus zu Haus. Mit dem Spruch „Süßes sonst gibt es Saures“ sammeln die Kinder 186 Süßigkeiten.
Können die Kinder diese gerecht teilen?

Antwort: ______________________________

78 Verhexte Zahlen

A. Addiere das Produkt der Zahlen 13 526 und 9 mit der Differenz der Zahlen 124 886 und 123 963.

Antwort: ______________________________

B. Bilde aus der den Ziffern 8, 3, 9, 4, 2 die größte fünfstellige Zahl und halbiere diese.

Antwort: ______________________________

Schreibe deine Rechnungen auf ein extra Blatt Papier.

79 Viel Sport!

Florian ist nur glücklich, wenn er genügend Sport machen kann. In der Schule hat er drei Schulstunden in der Woche Sport. Eine Schulstunde dauert 45 min. Einmal in der Woche geht er von 16.45 – 18.30 Uhr ins Handballtraining. Zweimal in der Woche hat er von 16.30 – 18.00 Uhr Turnen.

Stichwortzettel

Frage: ______________________________

____

Antwort: ______________________________

80 Die erste Mondlandung

A. Setze die fehlenden Begriffe und Daten in die Skizze und den Text ein.

erster	Mond	21.07.69
22.56 Uhr	drei Wochen	24.07.69

Skizze

Start: 16.07.69, 9.32 Uhr → Landung auf dem Mond: ________ Uhr → Abflug: ________ Uhr → Landung auf der Erde: [ ], 12.51 Uhr → Quarantäne: ___ Wochen

Am Mittwoch, den ____________ startete die Apollo 11 um ____________ Uhr zum Mond. Vier Tage später landeten die Astronauten um 16.18 Uhr auf dem ____________. Um ____________ Uhr betritt Neil Armstrong als ____________ Mensch den Mond. Am Montag, den ____________ verließ die Mondlandefähre um 13.54 Uhr den Mond. Am Donnerstag, den ____________ landete die Crew um ____________ wieder sicher auf der Erde. Die Crew musste noch für ____________ in Quarantäne, um keine Krankheitserreger vom Mond einzuschleppen.

B. Wie lange waren die Astronauten auf dem Mond?

Antwort: ____________________________

C. Wie viele Tage dauerte die Mission der Astronauten insgesamt?

Antwort: ____________________________

Schreibe deine Rechnungen auf ein extra Blatt Papier.

81 Rudi

Rudi bekommt von seinen Großeltern 50,– € geschenkt. Er kauft sich davon ein paar coole Turnschuhe und zwei CDs. Eine CD kostet 14,50 €. Er hat nach seinem Einkauf 1,10 € übrig.

Frage: ______________________________

____

Antwort: ______________________________

____

100 ct = 1 €

82 Mit Luftballons abheben

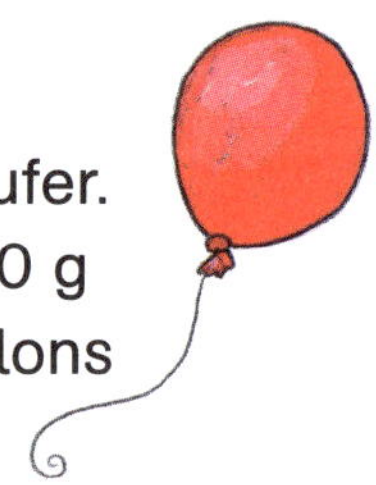

Johannes sieht auf dem Jahrmarkt einen Luftballonverkäufer. Johannes wiegt 38 kg. Ein Ballon kann ein Gewicht von 20 g tragen und damit abheben. Er überlegt sich, wie viele Ballons er mindestens halten müsste, damit er abheben würde?

Antwort: ______________________________

1 000 g = 1 kg

83 Schwere Tiere

Das größte und schwerste Säugetier auf der Erde ist der Blauwal. Die Tiere werden um die 30 m lang und 200 t schwer. Alleine die Zunge des Blauwals wiegt mit ihren 6 t so viel wie ein Elefant oder wie 4 Nilpferde.
Vier Löwen wiegen ungefähr so viel wie eine Giraffe.
Ein Krokodil wiegt ca. fünfmal so viel wie ein Gorilla.
Ergänze die Tabelle.

	t	kg	Kommazahl
Blauwal	200	200 000	200, 0 t
Elefant			t
Nilpferd			t
Löwe			0,165 t
Giraffe			t
Krokodil			t
Gorilla		220	t

1 000 kg = 1 t

84 Kletterwand

Frank hat sich heute an der Kletterwand eine besonders schwierige Route ausgesucht. Die ersten 4 m klappen problemlos. Dann muss er über einen 125 cm hohen Felsvorsprung. Nachdem er den geschafft hat, ruht er sich einen Moment aus und klettert dann die nächsten 3,60 m weiter. Plötzlich rutscht er ab und kann sich einen halben Meter tiefer zum Glück halten. Vorsichtig klettert er wieder zurück bis zur Absturzstelle. Dann muss er einen 1,95 m hohen Überhang überwinden. Nach 1,25 m im Überhang verlässt Ihn die Kraft und er stürzt 85 cm bis zum nächsten Sicherungshaken in die Tiefe. Nachdem er sich von dem Schreck erholt hat, bewältigt er den Überhang und klettert die restlichen 234 cm nach oben. Wie hoch ist die Kletterwand?

A. Unterstreiche alle wichtigen Angaben.

B. Mache dir eine Skizze, so könnte der Anfang aussehen:

Skizze

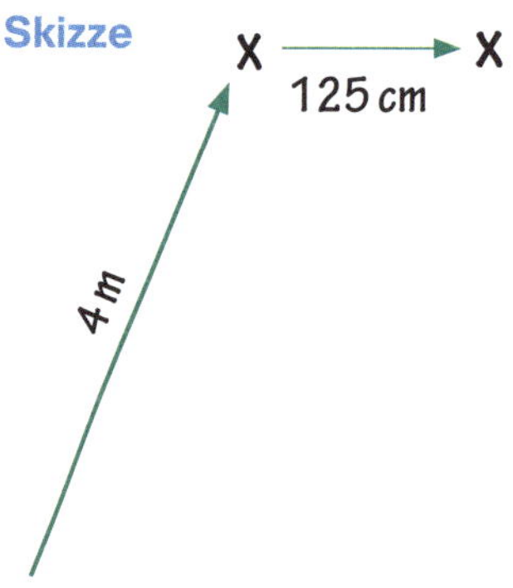

100 cm = 1 m

Rechne die Antwort auf die Frage aus.

Antwort: ______________________________

C. Frank ist insgesamt ________ m ________ cm geklettert.

85 Durstige Elefanten

Elefanten in einem Zoo oder im Zirkus brauchen aufgrund des vielen Heus, das sie zu fressen bekommen, mehr zu trinken als ihre Artgenossen in Freiheit. Am Tag trinken sie ungefähr 152 l Wasser.

A. Wie oft muss ein Elefant seinen Rüssel füllen, wenn dieser 8 l fasst?

1 000 ml = 1 l

Antwort: ______________________________

B. Wie viel Glas Wasser würde ein Elefant trinken wenn man dieses mit $\frac{1}{4}$ l Wasser füllen würde?

Antwort: ______________________________

Bevor du anfängst zu rechnen, hilft dir sicherlich folgende Rechnung: $\frac{1}{4}$ l = ____________ ml

86 Strumpfschleuderball

Die Kinder haben einen Wettbewerb im Strumpfschleuderball durchgeführt. Übertrage die Ergebnisse aus der Tabelle in das Balkendiagramm. Zeichne den ersten Wurf rot und den zweiten blau ein. Ergänze in der Tabelle die Daten für Oli.

	Wurf 1	Wurf 2
Oli	______ m	______ m
Paul	9,5 m	14 m
Mario	20,5 m	21 m
Lasse	17 m	19,5 m

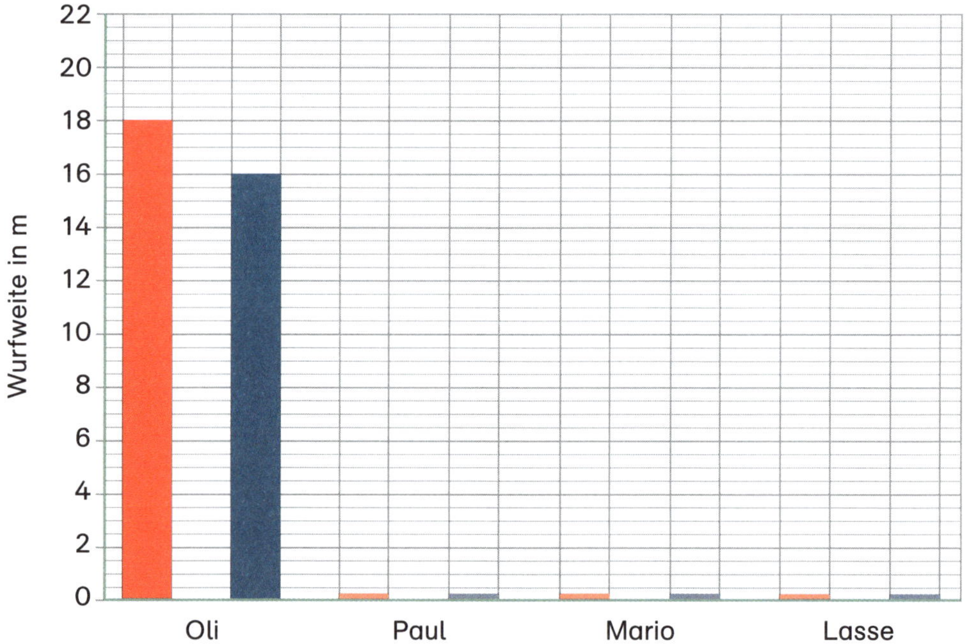

Und so kannst du dir deinen eigenen Strumpfschleuderball basteln: Nimm einen alten Kniestrumpf und stecke einen Tennisball bis vorne zu den Zehen rein. Wickel nun eine Schnur um den Strumpf und knüpfe einen Knoten, so dass der Tennisball nicht mehr herausfallen kann. Nimm den Strumpf am Bündchen in die Hand und schleudere ihn so weit wie möglich.

87 Die größten Stadien

Der „Melbourne Cricket Ground" in Melbourne ist mit 98 000 Zuschauerplätzen das größte Stadion Australiens. Hier wird Cricket gespielt. Das größte Stadion in Deutschland ist mit 74 228 Zuschauerplätzen das Berliner Olympiastadion.

A. Runde auf 10 000 und trage auch diese Stadien in das Schaubild ein:

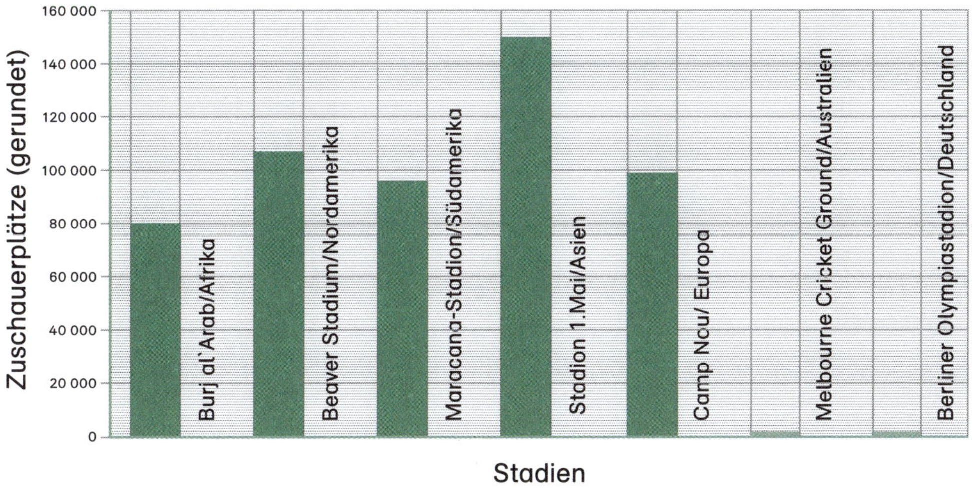

B. Nenne die zwei größten Stadien.

____

C. Kreuze die richtigen Aussagen an.

- ☐ 1. Das Schaubild zeigt, wie viele Menschen im Jahr das Stadion besucht haben.
- ☐ 2. Das Camp Nou in Barcelona ist gleich groß wie der Melbourne Cricket Ground.
- ☐ 3. Das Stadion des 1. Mai ist doppelt so groß wie das Berliner Olympiastadion.

88 Spendenlauf

Die 275 Schüler der Sonnengrundschule veranstalteten einen Spendenlauf für ihre Partnerschule in Afrika. Die Grundschüler erhielten von ihren Eltern, Großeltern oder anderen Laufpaten pro 200 gelaufene Meter 0,50 €.

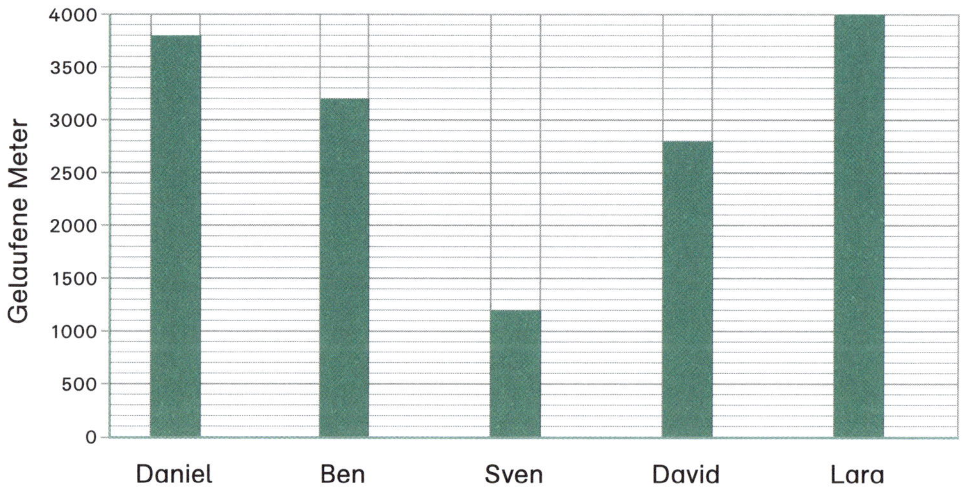

A. Wer ist am weitesten gelaufen?
Schreibe die Namen in der richtigen Reihenfolge auf.

1. ______________________ 2. ______________________

3. ______________________ 4. ______________________

5. ______________________

B. Wie viel Geld können die einzelnen Kinder spenden?

Daniel: ______________ m ≙ ______________ €

Ben: ______________ m ≙ ______________ €

Sven: ______________ m ≙ ______________ €

David: ______________ m ≙ ______________ €

Lara: ______________ m ≙ ______________ €

89 Taschengeld

Niklas wurde von seinem Opa gefragt, was ein angemessenes Taschengeld für ihn wäre. Da nun Niklas am liebsten mit seinem Opa Schach spielt, machte er ihm folgenden Vorschlag: „Lege mir jede Woche Centstücke auf ein Feld des Schachbretts. In der ersten Woche legst du mir auf das erste Feld 1 Cent. In der zweiten Woche das Doppelte, also 2 Cent auf das zweite Feld. In der dritten Woche dann doppelt so viel wie in der vorherigen und so weiter."
Kann sich der Opa das leisten?

A. Schätze, wie viel Geld Niklas in den folgenden Wochen bekäme.

5. Woche: ________ 8. Woche: ________

12. Woche: ________

100 ct = 1 €

B. Rechne aus, wie viel Cent auf den ersten 12 Feldern liegen.

Feld	1	2	3	4	5	6	7	8	9	10	11	12
Cent												

C. Ab der ________ Woche würde Niklas mehr als 10 € erhalten.

D. In der 15. Woche würde er ________ ct oder ________ € erhalten.

Ein Schachbrett hat 64 Felder. In der Lösung kannst du nachschlagen, wie viel Geld er in der 64. Woche bekommen würde. Bei großen Zahlen darfst du auch mal einen Taschenrechner zu Hilfe nehmen.

90 Das Piraten-Wettrennen

Die Piraten Holzbein und Messerjocke fahren mit ihren Schiffen um die Wette. Wer wohl als erstes auf der Schatzinsel landet? Holzbein ist mit seinen Männern noch 192 km von der Insel entfernt und kommt am Tag 32 km vorwärts. Messerjocke kommt mit seinen Männern 38 km am Tag vorwärts und ist noch 218 km von der Insel entfernt.

A. Vervollständige die Skizze

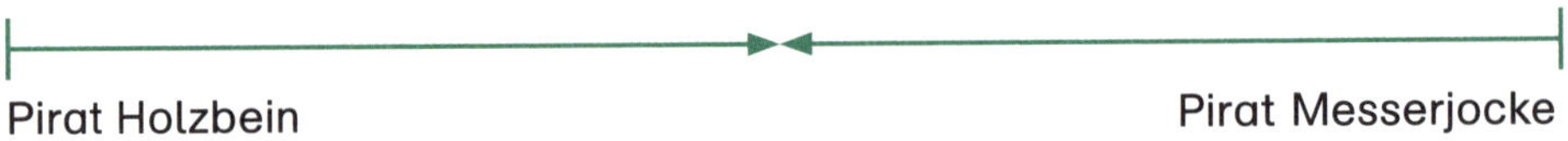

Pirat Holzbein

1. Tag	32 km

Pirat Messerjocke

1. Tag	38 km

Antwort: ______________________________

Auf Seite 74 in den Lösungsstrategien siehst du, wie du die Skizze geschickt anfertigen kannst.

91 Nach eigenen Regeln!

Suche dir einen Partner für ein Würfelspiel. Wer die meisten Punkte hat, gewinnt das Spiel.

Regel 1: Du erhältst einen Punkt, wenn deine Zahl durch 3 teilbar ist. Ansonsten erhält dein Partner einen Punkt.

Regel 2: Du erhältst einen Punkt, wenn deine Zahl durch 2 teilbar ist. Wenn nicht, erhält dein Partner einen Punkt.

Regel 3: Du erhältst einen Punkt, wenn deine Zahl kleiner als 5 ist. Ansonsten bekommt dein Partner einen Punkt.

A. Für welche Regel entscheidest du dich?

Begründung: ______________________________

____

____

____

____

____

____

B. Spielt nun alle drei Varianten durch und würfelt zu jeder Regel 25-mal. Notiert eure Punkte als Strichliste.
Vergleiche nun deine Ergebnisse mit deinen Vermutungen.

Spieler 1: ______________	
Spieler 2: ______________	

92 Kranbesteigung

Ein Kran ist 42 m hoch. Auf dem Weg ins Führerhäuschen muss der Kranführer täglich eine Leiter besteigen. Alle 30 cm hat die Leiter eine Sprosse.

A. Wie viele Sprossen hat die Leiter?

Rechnung: ______________________________

Antwort: ______________________________

B. Der Kranführer schafft 2 Stufen in 1 Sekunde. Wie lange braucht er bis er in seinem Führerhaus ist?

Rechnung: ______________________________

Antwort: ______________________________

93 Eine Tour mit dem Quad

Jo geht an seinem Geburtstag mit seinen Freunden Quad fahren. Die Jungen nehmen an einer Tour bis zum See teil. Alleine die Fahrzeit beträgt $1\frac{1}{2}$ Stunden. Zwischendrin machen sie eine Pause von 35 Minuten. Ihre Ankunftszeit am Ziel ist 16.45 Uhr.
Wann war die Abfahrtszeit?

A. Unterstreiche die wichtigen Begriffe und Angaben.

B. Löse mit Hilfe einer Skizze

Abfahrt ________	————————————	Ankunft ________

Antwort: ______________________________

94 Ein Baumhaus für Andreas

Andreas baut mit seinem Vater ein Baumhaus. Das Gerüst und der Boden stehen schon. Jetzt fehlen nur noch die drei Seitenwände, auf die sie das Dach setzen können. Die Eckpfosten zum Befestigen der Bretter sowie die Bretter für die Wände haben sich die beiden im Baumarkt gleich auf die richtige Größe zusägen lassen. Die Seitenwände sollen jeweils 1,50 m hoch werden. Ein Brett ist 25 cm hoch. Wie viele Pfosten und wie viele Bretter mussten die beiden kaufen? Vervollständige die Skizze und rechne.

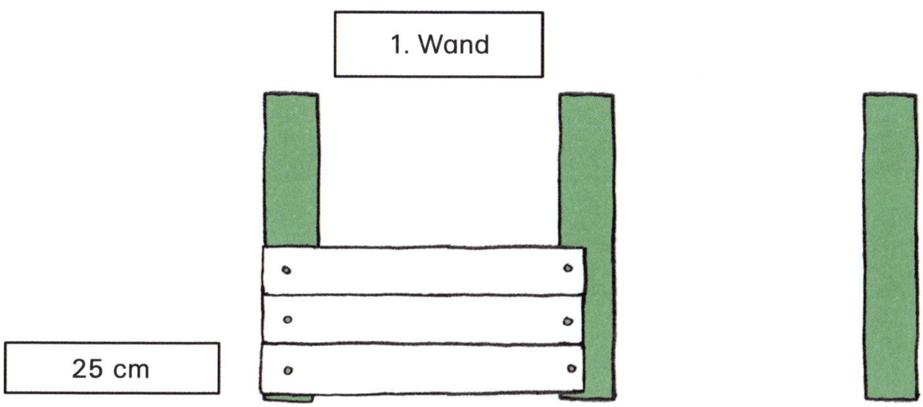

Antwort: ____

95 Jonglieren

1995 wurde von Nikolai Kutsenko aus der Ukraine der Weltrekord im Jonglieren mit dem Fußball aufgestellt. Er schaffte es, den Ball 24 Stunden und 30 Minuten lang mit den Beinen und dem Kopf in der Luft zu jonglieren. In einer Stunde hatte er ca. 5 460 Ballberührungen.
Wie häufig jonglierte er den Ball in seiner Rekordzeit?

Antwort: ______________________________

Schreibe deine Rechnungen auf ein extra Blatt Papier.
Jetzt bist du dran! Wie häufig schaffst du es den Ball mit den Füßen und dem Kopf in der Luft zu halten?

96 Eine Hundeschlittenfahrt

Ein Inuit fährt mit seinem Hundeschlitten.
In einer Stunde fährt er 16 km weit. Ergänze die Tabelle.

1 h	km
eine halbe Stunde	km
15 min	km
2 h	km
$2\frac{1}{2}$ h	km
	52 km
	72 km
	60 km

1 Stunde (h) = 60 Minuten (min)

97 Schnitzeljagd

Leon macht im Waldheim mit seiner Gruppe eine Schnitzeljagd. Um 14.30 Uhr beginnt die Gruppe mit ihrer Suche. Die ersten 45 min laufen sie 2,5 km durch den Wald und suchen die richtige Fährte. Schließlich kommen sie an einen Feldweg, dem sie 2 175 m folgen. Nach 35 min müssen sie einen Fluss überqueren. Hier machen sie 20 min Rast und baden ihre Füße im kühlen Wasser. Auf der anderen Seite des Flusses gabelt sich der Weg und sie gehen erst mal 350 m in die falsche Richtung: Sie joggen die Strecke zurück, um nicht zu viel Zeit zu verlieren. Trotzdem hat sie der Umweg 12 min gekostet. Der restliche Pfad führt sie 1,75 km über Wiesen zurück in den Wald. Um 16.40 Uhr sind sie wieder glücklich und zufrieden im Waldheim.

Mach dir auf einem extra Blatt Papier eine Skizze und rechne dann die folgenden Aufgaben aus.

A. Die Gruppe war ______________ h ______________ min unterwegs.

B. Die Schnitzeljagd war insgesamt ______________ km ______________ m lang.

C. Die Kinder sind insgesamt ______________ km ______________ m gelaufen.

Die Skizze auf Seite 40 hilft dir beim Erstellen deiner eigenen Skizze.
Denke daran, 60 min = 1 h und 1 000 m = 1 km.

98 Kirschkernweitspucken

Hannes Kirschkern fliegt 56 cm weiter als der von Jakob. Oskars Kirschkern fliegt nur halb so weit wie Hannes Kirschkern. Jakob spuckt ihn 2,64 m weit.

Wie weit kannst du einen Kirschkern spucken?

A. Zeichne die Weite im Zahlenstrahl ein. Überprüfe indem du die Weiten auch ausrechnest.

Jakob: ____________ Hannes: ____________ Oskar: ____________

B. Jakob spuckt ______________ cm weiter als Oskar.

99 Treffpunkt Schwimmbad

Vier Jungen lernen sich an einem Samstag beim Rutschen im Schwimmbad kennen und wollen sich wieder verabreden. Der erste kann nur jeden zweiten Tag. Der zweite nur jeden dritten Tag, der dritte nur jeden Samstag und der vierte nur jeden fünften Tag.

Antwort: Sie können sich in ______________ Tagen oder in ______________ Wochen wieder treffen.

100 Jungen-Logical

Lies dir zuerst den ganzen Text durch.
Streiche den Satz durch, wenn du ihn fertig bearbeitet hast.
Lies die anderen Sätze immer wieder durch.
Wie heißen die Jungen? Wer trägt welche Mütze und hat welches Hobby?

Male die Mützen in der richtigen Farbe an:

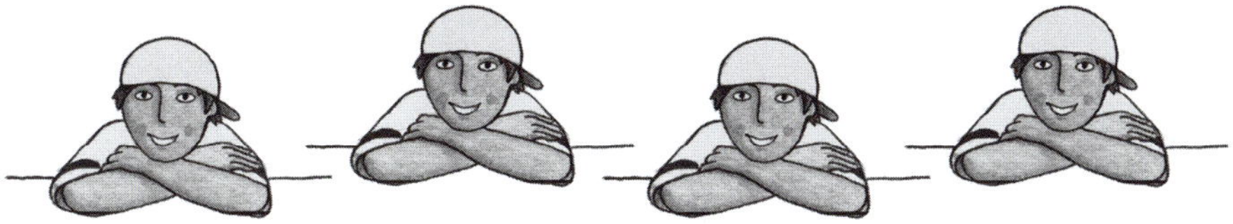

Name: ________ ________ ________ ________

Hobby: ________ ________ ________ ________

1. Die Mützen der Jungen sind rot, blau, gelb oder grün.
2. Frank steht außen.
3. Die Jungen, die gerne lesen und schwimmen, stehen nicht außen.
4. Die Jungen, die innen stehen, tragen keine rote Mütze.
5. Ein Junge heißt Uli.
6. Der Junge mit der blauen Mütze hat drei Jungen vor sich.
7. Lars steht hinter dem Jungen, der gerne turnt.
8. Der Junge mit der grünen Mütze steht hinter Frank und schwimmt gerne.
9. Jens steht vor dem Jungen, der gerne Fahrrad fährt.

Lösungen

Lösungsstrategien

Tipp 1: Lies genau.

1. B 1. Nik und Lu sind
a. Zaubererkinder. c. Brüder.

2. Sie bekommen Taschengeld von
b. dem Opa. c. den Eltern. e. einer Nachbarin.

1. C 1. Wie viele Zauberer gehen in Niks Klasse? 24
2. Wie viele Schüler besuchen die restlichen Klassen? 48
3. In welche Klasse geht Lu? 2. Klasse
4. Wie viele Schüler gehen in Lus Klasse? 18

Tipp 2: Finde eine passende Frage.

1. B

	Rechenfrage	andere Frage
1. Wer sammelt die Zauberpflanzen?		x
2. Wie viele Pflanzen braucht Nik insgesamt?		x
3. Wie viele Pflanzen hat Nik bereits gesammelt?	x	
4. Wie heißt die Hexe?		x
5. Wie viele Zauberwurzeln muss er noch sammeln?	x	

2. Mögliche Rechenfragen:
Wie viele Seiten hat Lu bisher gelesen?
Wie viele Seiten muss er noch lesen?

Tipp 3: Rechenweg finden. Antworten geben.

1. A $20 - 7 = 13$
$20 = 7 + 13$

1. B Rechenfrage: Wie viele Bonbons hatte er?

1. C Umkehraufgabe: $13 + 7 = 20$

1. D Antwort: Nik hatte 20 Bonbons.

2. A Frage: Wie viele Gruseltiere hat Lu insgesamt?
$7 + 8 = 15$

2. D Antwort: Er hat insgesamt 15 Gruseltiere.

Lösungen

S. 12 – 26

1 Rechenfragen: 3, 5

1. Wie viele blaue Steine hat Max? 12
2. Wie viele rote Steine hat Max? 15
3. Wie viele rote Steine sind es insgesamt? 15 + 11 = 26
4. Wie viele rote Steine hat Ben? 11
5. Wie viele Steine sind es insgesamt? 26 + 12 = 38

2 Frage: Wie viele Goldstücke hatte Jack zuerst in der Truhe?
Rechnung: 98 – 44 = 54
Antwort: Goldgräber Jack hatte zuvor schon 54 Goldstücke in seiner Schatztruhe.

3 Rechnung: 3 + 5 + 4 = 12
Es sind insgesamt 12 Kinder.

4 Rechnung: 46 € – 15 € = 31 €.
Räuber Zahnlücke hat 31 € verloren.

5

1 Woche	1,50 €
2 Wochen	3,– €
3 Wochen	4,50 €
4 Wochen	6,– €
5 Wochen	7,50 €
6 Wochen	9,– €
7 Wochen	10,50 €

Frage: Wie viele Wochen muss David sparen?
Rechnung: 7 · 1,50 € = 10,50 €
Er muss 7 Wochen sparen.

6 Rechnung: 5 · 8 = 40
Es gehen 40 Autos an den Start.

7 Rechnung: 5 · 10 = 50
Es werden 50 Fingerabdrücke gemacht.

8

A. Tom hat 8 Mal gewonnen.

B. Florian hat 16 Mal gewonnen.
Rechnung: 8 · 2 = 16

C. Die Jungen haben insgesamt 24 Spiele gemacht.
Rechnung: 8 + 16 = 24

9 **A.** Rechnung: $4 \cdot 4$ Beine = 16 Beine
Antwort: Es rennen 16 Beine dem Büffel hinterher.

B. Bei 36 Beinen wären es 9 Löwen.
Rechnung: $36 : 4 = 9$

10 Frage: Wie viele Köpfe sieht Daniel?
Rechnung: $4 \cdot 3$ Köpfe = 12 Köpfe
Antwort: Er sieht insgesamt 12 Köpfe.

11 **A.** Rechnung: $2 \cdot 6 = 12$
Du wirfst den Ball 12 Mal in die Luft.

B. Rechnung: $4 \cdot 6 = 24$
Du prellst den Ball 24 Mal auf den Boden.

12 **A.** Frage: Wie viele Wagen sind es?
Rechnung: $27 : 9 = 3$
Antwort: Es sind 3 Wagen.

B. Rechnung: $5 \cdot 9 = 45$
Bei 5 Wagen hätten 45 Kinder Platz.

13 **A.** Rechnung: $3 \cdot 7 = 21$
Nach 21 Tagen strandeten sie auf der Insel.

B. Rechnung: $2 \cdot 7 = 14$
Nach weiteren 14 Tagen finden sie den Schatz.

C. Rechnung: $56 : 7 = 8$
Sie brauchen anschließend 8 Wochen, bis sie wieder im Piratennest sind.

14 **A.** Rechnung: $12 : 3 = 4$
In jeder Burg wohnen 4 Geister.

B. Rechnung: $3 \cdot 4 = 12$

15 Rechnung: $11 + 3 = 14$ (11 Stammspieler + 3 Ersatzspieler)
$14 : 3 = 4$ Rest 2
Es werden 5 Autos benötigt. Die beiden Kinder, die übrig bleiben, müssen ja auch noch mitfahren. Also fährt das fünfte Auto mit nur zwei Kindern.

16 **A.** $8 \cdot 4 = 32$

B. $7 \cdot 7 = 49$

C. Hier hilft die Umkehraufgabe. $47 - 9 = 38$

Lösungen

17 Rechnung: 32 € + 5.50 € + 50 ct = 38 €
Nik muss 38 € bezahlen.

18 **A.** Rechnung: 3 m 60 cm + 15 cm + 15 cm = 3 m 90 cm
Sein Bett muss 3 m 90 cm lang sein.

B. Der Riese ist doppelt so hoch wie ein Mensch:
Rechnung: 2 m · 2 = 4 m
Der Schrank des Riesen müsste 4 m hoch sein.

C. Hier zählt deine eigene Lösung.
Angenommen du bist 1 m 20 cm groß, dann lautet die Rechnung so:
1 m 95 – 1 m 20 = 75 cm
Der Sohn des Riesen wäre dann 75 cm größer als du.

19 **A.** Der Schwertkampf beginnt um 10.00 Uhr und endet um 11.30 Uhr.
Das Training dauert also 90 min oder 1 h 30 min.

B. Der Stalldienst am Nachmittag beginnt um 16.00 Uhr.

C. Die Abendmesse dauert 45 min. Sie ist um 18.45 Uhr zu Ende.

D. Kunibert arbeitet insgesamt 2 h 30 min im Stall.

20 **A.** Phil: 7 Victor: 10 Tim: 9 Jakob: 14

B. Richtig sind: 1, 3

C.

21 **A.** Wie viele Dinosaurier sind im Schaubild dargestellt? 6

B. So groß war der: Ultrasaurus: 30 m Spinosaurus: 17 m

C. Welche Dinosaurier waren länger als 30 m?
Argentinosaurus, Supersaurus

D. Richtig sind: 2, 5

22 Basti: 8 Jahre
Mutter: 8 Jahre · 5 = 40 Jahre
Vater: 40 Jahre + 4 Jahre = 44 Jahre
Schwester: 44 Jahre : 4 = 11 Jahre

23 Richtige Reihenfolge ist: a., c., b.
a. 9 € + 5,50 € = 14,50 €
b. 50 € – 19 € = 31 €
c. 14,50 € + 4,50 € = 19 €

24 **A.** Richtiges Bild: b.

B. Richtiges Bild: c.

C. Es sind 8 Bälle liegen geblieben.

D. Rechnung:
4 · 6 = 24 (Anzahl der Bälle am Anfang des Spiels)
24 : 2 = 12 (Hälfte der Bälle)
24 – 8 = 16 (Anzahl der gefressenen Bälle)
Ja. Das Monster hat 16 Bälle gefressen. Das sind mehr als die Hälfte der Bälle.

25
1. Wie viele Comichefte haben Lukas und Ronja zusammen?
   c. 20 + 15
   ✡ Lukas und Ronja haben zusammen 35 Hefte.
2. Wie viele Hefte bringt Jannik mit?
   b. 17
   ◇ Jannik bringt 17 Comichefte mit.
3. Wie viele Hefte haben alle drei zusammen?
   a. 20 + 15 + 17 und
   d. 35 + 17
   △ Zusammen haben alle drei Kinder 52 Hefte.

Lösungsstrategien

Tipp 1: Genau lesen – was ist wichtig?

1. Der kleine Zauberer Lu ist 8 Jahre alt und ist schon sehr aufgeregt. Heute darf er mit seinem 3 Jahre älteren Bruder Nik und seinen Eltern den großen Zauberermarkt besuchen. Die lange Strecke von 320 km darf er zum ersten Mal alleine auf seinem Besen fliegen. Nach 4 Stunden sind sie endlich am Ziel.
Rechnung: 320 km : 4 = 80 km
Antwort: Lu ist in einer Stunde 80 km weit geflogen.

2. Stichwortzettel
- 2 • 1,50 €
- 1,80 €
- 2 • 2,– €

Rechnung: 3 € + 1,80 € + 4 € = 8,80 €
Antwort: Die beiden Zauberer geben 8,80 € aus.

Tipp 2: Passende Rechenfrage finden.

1. B

	Text 1	Text 2	zu keinem
1. Reicht sein Geld?	x		
2. Kommt er pünktlich zu seiner Familie?		x	
3. Wie viele Minuten hat er noch Zeit?		x	
4. Wie viel bezahlen sie für das Eis?			x
5. Wie oft kann er reiten?	x		
6. Wie viel Zeit verbringen sie zusammen?		x	
7. Wie heißen die Freunde?			x
8. Wie viel Geld bekommt er zurück?	x		

1. C Text 1: Alle Fragen, die zu Text 1 passen, sind möglich.
Text 2: Alle Fragen, die zu Text 2 passen, sind möglich.

Tipp 3: Skizzen können helfen.

1. B Rechenfrage: Wie viele Zauberer sind im Zelt?

1. C **Skizze**

25 + 10 − 3 = 32

1. D Antwort: Es sind 32 Zauberer im Zelt.

Tipp 4: Rechenweg finden. Antwort geben.

1. B

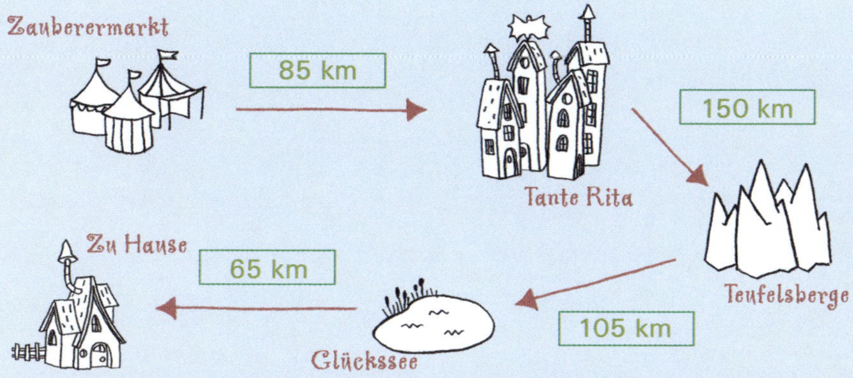

1. C Rechenfrage: Wie weit ist es vom Glückssee nach Hause?
Rechnung: 405 km − 85 km − 150 km − 105 km = 65 km

1. D Antwort: Vom Glückssee nach Hause sind es 65 km.

Lösungen

S. 41 – 50

Lösungsstrategien für Zahlenrätsel

Tipp 1: Rechenzeichen erkennen.

1. Addition: Addiere 15, Bilde die Summe von ..., Zähle 30 dazu, Zähle 7 und 8 zusammen, ... ist um 20 größer als

   Subtraktion: Subtrahiere 15, ziehe 5 ab, ist um 20 kleiner als, Bilde die Differenz von ...

   Multiplikation: Multipliziere mit 6, Bilde das Produkt von ..., Verdopple ..., Das Vierfache von ..., Vervielfache um 5, Nimm mal mit 8

   Division: Dividiere durch 6, Teile durch 4, Bilde den Quotient von ..., die Hälfte von ..., Halbiere ..., Der vierte Teil von ...

Tipp 2: Lösungswege planen.

1. B

205	− 50 / + 50	155	+ 45 / − 45	200

2.

45	: 5 / · 5	9	· 6 / : 6	54

26 Rechenfrage: 5
1. Wer hat das Ritterturnier gewonnen? Ritter Kunibert
2. Bei welchem Spiel verliert Kunibert wieder Taler? Beim Würfelspiel.
3. Wie viele Taler hat er gewonnen? 178 Taler
4. Wie viele Taler hat Kunibert verloren? 66 Taler
5. Wie viele Taler hat Kunibert noch übrig?
   178 Taler − 66 Taler = 112 Taler
   Antwort: Kunibert hat noch 112 Taler übrig.

27 **A.** Frage: Wer hat das Wettfliegen insgesamt gewonnen?
Cem: 5,50 m + 4,80 m + 5,90 m = 16,20 m
Mario: 6,10 m + 3,90 m + 4,70 m = 14,70 m
Antwort: Cems Flieger flog insgesamt am weitesten.

B. Richtig sind: 1, 3, 5

28 Frage: Wie viel Geld fehlt Carlo noch?
Rechnung: 107 € – 86 € = 21 €
Carlo fehlen noch 21 €.

29 Rechnung: 275 Goldst. + 333 Goldst. + 286 Goldst. = 894 Goldst.
Zusammen konnten sie 894 Goldstücke erbeuten.

30 **A.** Rechnung: 1 000 – 720 = 280 1 000 – 699 = 301 1 000 – 835 = 165

B.
1. Für das Spiel gegen den FC Schwalbe gibt es noch 280 Karten.
2. Für das Spiel gegen den 1. SC Dusel gibt es noch 301 Karten.
3. Für das Spiel gegen den 1. SV Faul gibt es noch 165 Karten.
4. Für das Spiel gegen den 1. SC Dusel gibt es noch die meisten Karten.
5. Für das Spiel gegen den 1. SV Faul gibt es noch die wenigsten Karten.

31 Rechnung: 180 m + 180 m + 320 m + 320 m = 1 000 m
Die beiden Freunde wohnen genau 1 000 m auseinander.

32 Rechnung: 9 · 8 Beine = 72 Beine
Es krabbeln 72 Beine über Blätter und Zweige.

33

Rezept für Zwirtz
14 Mäuseschwänze
42 Nacktschnecken
28 Zauberwürmer
49 Blätter Hexenkraut

34

Minuten	Sprünge Felix
1	80
2	160
3	240
4	320
$\frac{1}{2}$	40

Das hilft dir beim Multiplizieren mit ganzen 10er-Zahlen.
2 • 80 = 160 und 2 • 8 = 16

35

645 → – 53 / + 53 → = 592 → + 164 / – 164 → = 756

72 → : 6 / · 6 → = 12 → · 9 / : 9 → = 108

Lösungen

S. 51 – 60

36 **A.** Rechnung: 27 · 6 Bilder = 162 Bilder
Es sind insgesamt 162 Bilder.

B. 162 Bilder : 3 = 54 Bilder
Jeder Junge erhält 54 Bilder.

37 **B.** Rechnung: 158 Karten · 3 = 474 Karten
Es wurden 474 Karten verkauft.

38 **B.** Rechnung: 62 · 4 Reifen = 248 Reifen
Am Tag werden in der Werkstatt 248 Reifen gewechselt.

39 Frage: Wie viele Gummibärchen erhält jedes Kind?
Rechnung: 168 : 4 = 42
Jedes Kind erhält 42 Gummibärchen.

40 Rechnung: 819 : 9 = 91
Es dauert 91 s oder 1 min und 31 s bis alle Steine liegen.

41 Frage: Wie lange ist die Rennstrecke insgesamt?
Rechnung: 65 cm · 5 = 325 cm
Die Rennstrecke ist 3 m 25 cm lang.

42

Ferien	Wochen	Tage
Herbst	1	7
Weihnachten		19
Fasching	1	7
Ostern		11
Pfingsten	2	14
Sommer	6	42
Insgesamt:		100

Michael hat insgesamt 100 Ferientage.

43 **A.** Dann ist es 12.00 Uhr.

B. Um 12.30 Uhr machen wir ein gemeinsames Picknick. …
Es ist jetzt 13.15 Uhr.

C. Um 17.20 Uhr bin ich wieder daheim.

D. Zu dem Zeitpunkt ist es 20.50 Uhr.

44 Richtige Reihenfolge: d., a., c., b.

a. Rechnung: 499 € + 36 € = 535 €
   Antwort: Alles zusammen kostet 535 €.
b. Rechnung: 535 € – 350 € = 185 €
   Antwort: Seine Eltern müssen noch 185 € bezahlen.
c. Rechnung: 200 € + 150 € = 350 €
   Antwort: Luis hat 350 €.
d. Rechnung: 365 € + 134 € = 499 €
   Antwort: Die Ski und die Skistiefel kosten 499 €.

45 Wie schwer ist Kunibert nach der Mahlzeit?
Rechnung:
83 kg 400 g + 250 g + 500 g + 150 g + 30 g + 300 g = 84 kg 630 g
Kunibert wiegt nach der Mahlzeit 84 kg 630 g.

46 Ja, das Gewicht ist gleich verteilt. Der Elefant wiegt 6 t oder 6 000 kg. Die Giraffe, das Nashorn und das Nilpferd wiegen zusammen auch 6 t.
800 kg + 3 600 kg + 1 600 kg = 6 000 kg

47 Rechnung: 30 cm + 18 cm + 21 cm + 21 cm = 90 cm
124 cm – 90 cm = 34 cm
Das Dach ist 34 cm hoch.

48 **A.** Noah und Erik unternehmen gemeinsam eine Radtour. Die erste Etappe führt sie nach 9 km zur Sommerrodelbahn. Dort rodeln sie einmal und fahren dann weiter zur 12,5 km entfernten Burgruine Gruselheim. Nach einer Rast von 20 min radeln sie weiter und kommen nach 13 km zum Abenteuerspielplatz. Eine halbe Stunde toben sie dort bis sie sich zur letzten Etappe aufmachen, die doppelt so lang ist wie ihre erste. Glücklich kommen sie am Nachmittag wieder nach Hause.

C. 9 km + 12,5 km + 13 km + 18 km = 52,5 km
Sie sind insgesamt 52,5 km Rad gefahren.

49 **A.** Florian: 175 cm, Steffi: 135 cm, Robin: 160 cm, Alex: 155 cm

B.
1. Was kannst du aus dem Diagramm ablesen? Wie weit die Kinder gesprungen sind.
2. Wie viele Kinder sind gesprungen? 4 Kinder
3. Wer ist am weitesten gesprungen? Florian: 175 cm
4. Wer ist am kürzesten gesprungen? Steffi: 135 cm
5. Wie groß ist der Unterschied zwischen diesen beiden Sprüngen?
   175 cm – 135 cm = 40 cm

50 **A.**

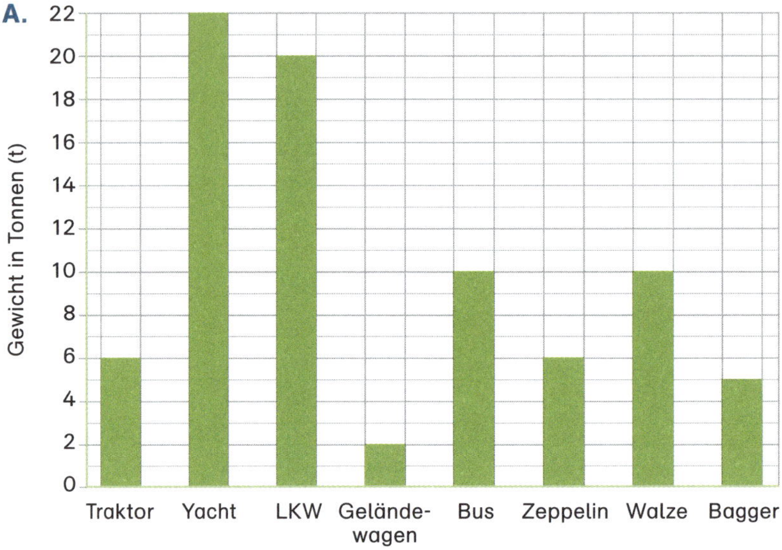

B. 1. Die Yacht ist das schwerste Verkehrsmittel.
2. Der Geländewagen ist das leichteste Verkehrsmittel.
3. Ein Traktor ist genauso schwer wie ein Zeppelin.
4. Eine Walze ist doppelt so schwer wie ein Bagger.
5. 5 Geländewagen wiegen gleich viel wie ein Bus.
6. Eine Boeing 747 wiegt 400 t. Sie wiegt so viel wie 200 Geländewagen.

51 **A.**

	Mo	Di	Mi	Do	Fr	Sa	So
Ich habe:	6	10	19	22	27	35	38
Es fehlen noch:	154	150	141	138	133	125	122

B.

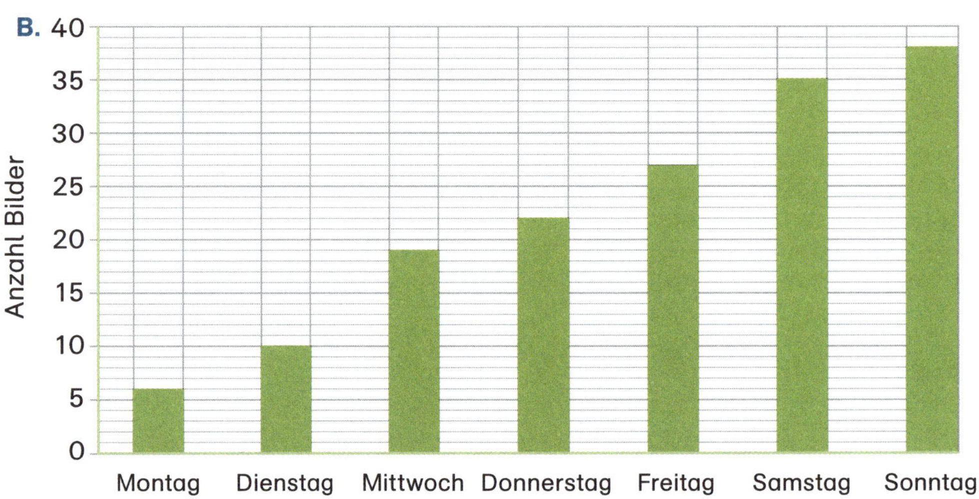

Lösungen

52 Rechnung: 30 cm + 45 cm = 75 cm   5 · 25 cm = 125 cm
75 cm + 125 cm = 200 cm
Der Ast hängt 2 m hoch.

53 Rechnung: Köpfe: 8 + 6 = 14
Beine: 8 · 4 = 32 (Krokodil)   6 · 2 = 12 (Geier)   32 + 12 = 44
Antwort: Es sind 8 Krokodile und 6 Geier.

54 Abfahrtzeit — Zeit für die Strecke — Ankunftszeit

→ **15 min** →

Er muss um 16.35 Uhr los fahren.

55

1	Augenklappe	1,50 Gt
2	Flaschenpost	5 Gt
1	Kompass	8 Gt
Vier Dinge für:		14.50 Gt

1	Säbel	13 Gt
3	Ananas	1,50 Gt
Vier Dinge für:		14.50 Gt

1	Fernrohr	9 Gt
1	Ananas	0,50 Gt
2	Flaschenpost	5 Gt
Vier Dinge für:		14,50 Gt

1	Fernrohr	9 Gt
1	Flaschenpost	2,50 Gt
2	Augenklappen	3 Gt
Vier Dinge für:		14,50 Gt

56 **B.** Frage: Wie lange ist die Laufstrecke eines Teams insgesamt?
Rechnung: 125 m · 8 = 1 000 m
Ein Team läuft insgesamt eine Strecke von 1 000 m.

C. Rechnung: 1 440 m : 8 = 180 m
Wenn die Strecke1 km 440 m lang wäre müsste jeder Junge 180 m laufen.

57 **A.** Rechnung: 149,99 € + 43,50 € + 35,50 € = 228,99 €
Das Geschenk kostet insgesamt 228,99 €.

B. Rechnung: 228,99 € : 3 = 76,33 €.
Die Eltern, Großeltern und der Patenonkel müssten jeweils 76,33 € bezahlen.

58 Wenn es dir gelingt, den Hubschrauber zu basteln, hast du den Text verstanden. Falls es nicht ganz geklappt hat, hier nochmals die Maße in der Übersicht.

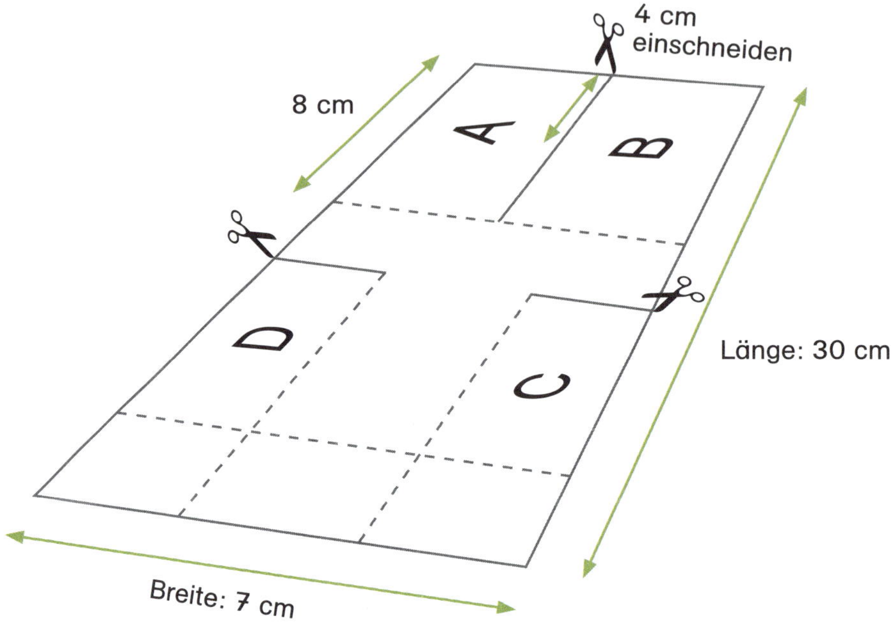

59 Rechnung: $3 \cdot 3 \cdot 2 = 18$
Die Fußballspieler haben 18 verschiedene Möglichkeiten sich anzuziehen.

60

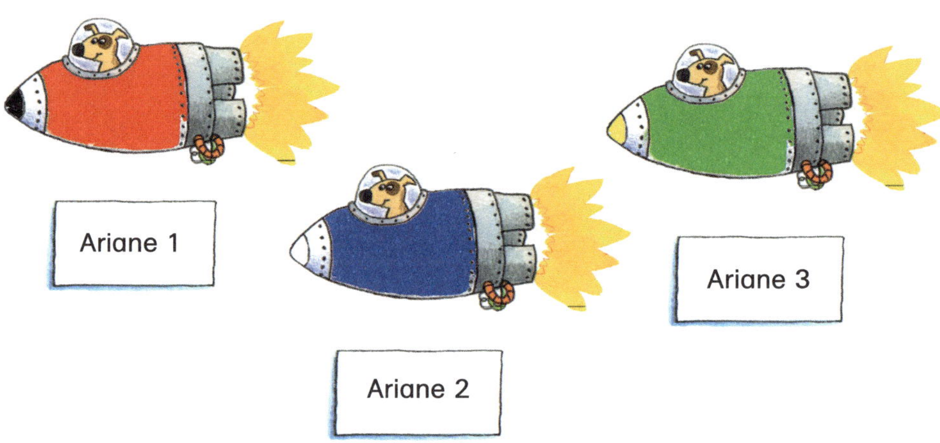

Lösungsstrategien

Tipp 1: Informationen aus Texten gewinnen

Stichwortzettel

Eltern:	Kinder:
Trog: 25 €	1 Sack Mäusedreck: 18 €
Drachentränke: 70 €	Schlangeneier: 17 €
Stroh: 20 €	Sattel: 150 €
	Zaumzeug 80 €

Tipp 2: Fachbegriffe erkennen.

1. A 1. Text: Abfahrtszeit, Ankunftszeit, Fahrzeit
2. Text: Ausgabe, Einnahme, Gewinn

1. B Hier zählt deine eigene Lösung. Eine Rechengeschichte zu den Begriffen Einzelpreis, Anzahl und Gesamtpreis könnte zum Beispiel so lauten:

Lu braucht neue Zauberstifte, um geheime Botschaften an seine Freunde schreiben zu können. Der Einzelpreis beträgt 2,35 €.
Lu kauft 3 Zauberstifte. Wie hoch ist der Gesamtpreis?

Tipp 3: Rechenweg finden. Antwort geben.

1. B

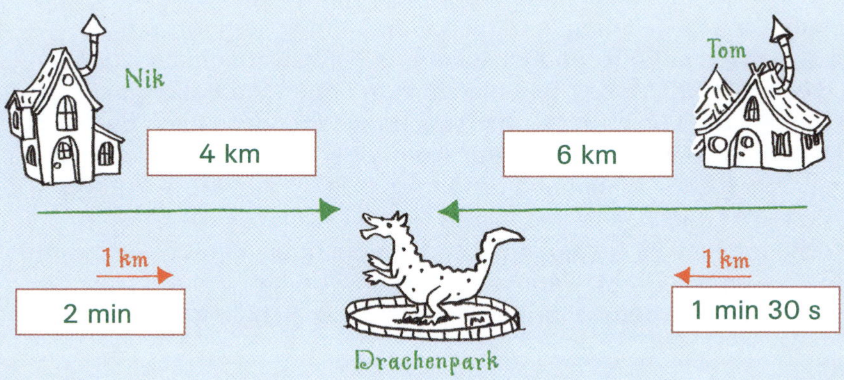

Tipp 3: Rechenweg finden. Antwort geben.

1. B Rechnung:

Nik	
1 km	2 min
2 km	4 min
3 km	6 min
4 km	8 min

Tom	
1 km	1 min 30 s
2 km	3 min
3 km	4 min 30 s
4 km	6 min
5 km	7 min 30 s
6 km	9 min

Antwort: Nik erreicht den Drachenpark zuerst.

Tipp 4: Aufgabentexte finden.

1. Hier zählt deine eigene Lösung. Eine Rechengeschichte zu diesem Stichwortzettel könnte zum Beispiel so lauten:

Lu hat seinen Freund Jan zum Übernachten eingeladen. Für den Abend möchte er noch etwas Besonderes zum Naschen und Trinken besorgen. Er kauft zwei Packungen Zauberbonbons für je 2,30 € und zwei Flaschen Geisterwasser ein, die jeweils 1,80 € kosten. An der Kasse legt er noch die neueste Ausgabe der Zeitschrift „Drachen-Fan" für 2,50 € dazu. Von seinen Eltern erhält Lu 5,– €. Wie viel Geld muss er noch aus seinem Sparschwein nehmen, um alles bezahlen zu können?

61 Die meisten Fußbälle kommen aus Pakistan und werden dort von Hand hergestellt. Die Näher arbeiten täglich ungefähr 10 Stunden, um 32 Kunstlederwaben mit 650 Stichen zu einem Fußball zusammenzunähen. Damit die Familie im Monat genug Geld zum Leben hat benötigt sie ca. 9 000 Rupien. Die Löhne der Näher sind so niedrig, dass auch die Kinder arbeiten müssen. Ali ist 10 Jahre alt. Wenn er schnell arbeitet kann er an einem Tag 3 Bälle nähen und erhält pro Ball 15 Rupien. In Europa können wir jetzt auch Bälle aus fairem Handel kaufen. Erwachsene Näher erhalten hier 39 Rupien anstatt den sonst üblichen 25 Rupien pro Ball. So können die Eltern, wenn sie beide am Tag fünf Bälle nähen, genug Geld verdienen, damit ihre Kinder wieder zur Schule gehen können.

B. Rechnung:
Ali: 3 · 15 = 45 (pro Tag) 45 € · 30 = 1 350 Rupien (im Monat)
Eltern: 5 · 25 = 125 (pro Tag, pro Elternteil) also
250 Rupien · 30 = 7 500 Rupien (im Monat für beide Elternteile)
1 350 Rupien + 7 500 Rupien = 8 850 Rupien

Die Familie von Ali verdient im Monat 8 850 Rupien wenn der Monat 30 Tage hat. Bei 31 Tagen verdienen sie 9 145 Rupien.

C. Rechnung: Jedes Elternteil: 39 Rupien · 5 = 195 Rupien am Tag.
195 · 30 = 5 850 Rupien   5 850 Rupien · 2 = 11 700 Rupien.
Die Eltern verdienen bei Bällen aus fairem Handel ca. 11 700 Rupien, wenn der Monat 30 Tage hat. Bei 31 Tagen sind es 12 090 Rupien.

62 **A.** Richtiger Text: 3

B. Frage: Wie viele Menschen besuchten den Jahrmarkt am Wochenende?
Es waren 106 701 Besucher.

63 **A.** Richtiger Text: 4

B. Frage: Wie viele Menschen besuchten das Freibad im Vorjahr?
Im Vorjahr waren es 90 302 Besucher.

64 Frage: Wie viele Karten gibt es noch an der Stadionkasse zu kaufen?
Rechnung: 54 267 – 25 000 – 28 809 = 458
Es gibt noch 458 Karten an der Stadionkasse.

65 Rechnung: 11,90 € · 2 = 23,80 €   23,80 € + 12,30 € = 36,10 €
Die Eltern müssen dem Verein 36,10 € zahlen.

66 Rechnung: 19 882 m – 8 848 m = 11 034 m
Die tiefste Stelle im Meer ist 11 034 m tief.

67 Frage: Wie viel Geld fehlt Sebastian noch?
Rechnung: 42,45 € – 28,50 € = 13,95 €
Es fehlen ihm noch 13,95 €.

68 **A.** Gesamtlaufzeit der beiden Kinder:
Max: 1 min 42 s   Ben: 1 min 43 s

B. Frage: Wer war insgesamt schneller und hat gewonnen?
Ben hat gewonnen.

69 Rechnung: 13 · 9 = 117   Ganzes Spielfeld: 117 · 2 = 234
Das ganze Spielfeld besteht aus 234 Platten.

70 Rechnung: 12 + 96 + 72 + 108 = 288
Sie haben insgesamt 288 Steine zur Verfügung.

71 Die Umkehraufgabe hilft dir beim Lösen.
504 756 – 32 104 : 4 + 153 261 : 2 = 135 712

72 Rechnung: 20 cm + 20 cm = 40 cm   35 cm · 16 = 560 cm
560 cm + 40 cm = 600 cm
Die Schlucht ist 6 m breit.

Lösungen

S. 85 – 93

73 Frage: Wie viele Liegestütze macht er in einer Stunde?
Rechnung: 57 · 60 = 3 420
Sein Rekord liegt bei ungefähr 3 420 Liegestütze in der Stunde.

74 Frage: Wie viel Wasser wurde insgesamt getrunken?
Rechnung: 73 · $\frac{1}{2}$ l = 36 $\frac{1}{2}$ l
Die Kinder tranken zusammen 36 l 500 ml.

75 Die Außerirdischen wären auf der Erde jeweils achtmal älter.
Neptun: 165 Jahre · 8 = 1 320 Jahre
Merkur: 88 Jahre · 8 = 704 Jahre
Mars: 2 Jahre · 8 = 16 Jahre
Jupiter: 12 Jahre · 8 = 96 Jahre
Saturn: 29 Jahre · 8 = 232 Jahre
Pluto: 8 Jahre · 8 = 64 Jahre

76 Rechnung: 79 992 : 8 = 9 999
Der Mathematikroboter löst in einer Stunde 9 999 Aufgaben.

77 Rechnung: 186 : 4 = 46 Rest 2
Die Kinder können die Süßigkeiten nicht ganz gerecht verteilen. Jedes Kind bekommt 46 Süßigkeiten. Zwei bleiben übrig.

78
A. 13 526 · 9 = 121 734
124 886 – 123 963 = 923
121 734 + 923 = 122 657

B. 98 432 : 2 = 49 216

79 Frage: Wie viele Stunden macht Florian in der Woche Sport?

Stichwortzettel

3 · 45 min
1 h 45 min
2 · 1 h 30 min

Insgesamt macht Florian 7 Stunden in der Woche Sport.

80 **A.** Am Mittwoch, den 16.07 startete die Apollo 11 um 9.32 Uhr zum Mond. Vier Tage später landeten die Astronauten um 16.18 Uhr auf dem Mond. Um 22.56 Uhr betritt Neil Armstrong als erster Mensch den Mond. Am Montag, den 21.07.69 verließ die Mondlandefähre um 13.54 Uhr den Mond. Am Donnerstag, den 24.07.69 landete die Crew um 12.51 Uhr wieder sicher auf der Erde. Die Crew musste noch für drei Wochen in Quarantäne, um keine Krankheitserreger vom Mond einzuschleppen.

B. Rechnung: Am 20.07.69 waren sie 1 h 4 min und am 21.07. noch 13 h 54 min auf dem Mond.
Die Astronauten waren 14 h 58 min auf dem Mond.

C. Rechnung: 8 Tage und 21 Tage = 29 Tage
Mit der Quarantäne ging die Mission 29 Tage.

81 Frage: Wie viel haben die Turnschuhe gekostet?
Rechnung: 14,50 € · 2 = 29 €
50 € – 29 € – 1,10 € = 19,90 €
Die Turnschuhe haben 19,90 € gekostet.

82 50 Luftballons halten das Gewicht von 1 kg.
(Rechnung: 1 000 g : 20 g = 50 g)
38 · 50 = 1 900
Johannes müsste 1 900 Luftballons halten.

83

	t	kg	Kommazahl
Blauwal	200	200 000	200, 0 t
Elefant	6	6 000	6,0 t
Nilpferd		1 500	1,5 t
Löwe		165	0,165 t
Giraffe		660	0,66 t
Krokodil		1 100	1,1 t
Gorilla		220	0,22 t

84 **B.** Rechnung: 4 m + 1,25 m + 3,60 m + 1,95 m + 2,34 m = 13,14 m
Die Kletterwand ist 13,14 m hoch.

C. Rechnung: 2 · 50 cm + 2 · 85 cm = 270 cm
2,70 m + 13,14 = 15,84 m
Frank ist insgesamt 15 m 84 cm geklettert.

85 **A.** Rechnung: 152 l : 8 l = 19
Der Elefant müsste seinen Rüssel 19 Mal füllen.

B. 152 · 4 = 608
Er würde am Tag 608 Gläser trinken.

$\frac{1}{4}$ l = 250 ml

86 Oli: 1. Wurf: 18 m, 2. Wurf: 16 m

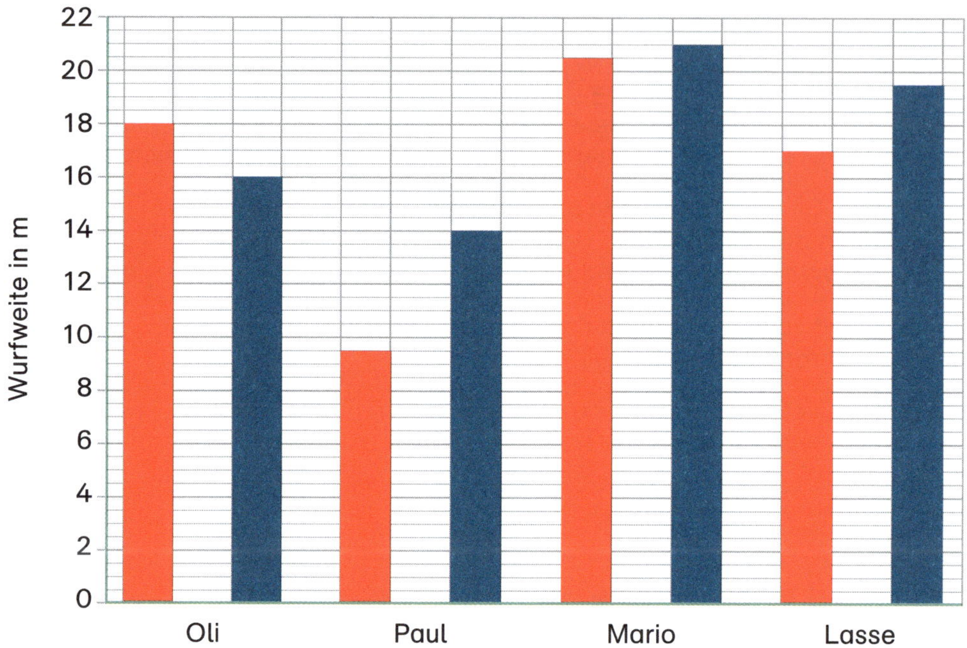

87 **A.**

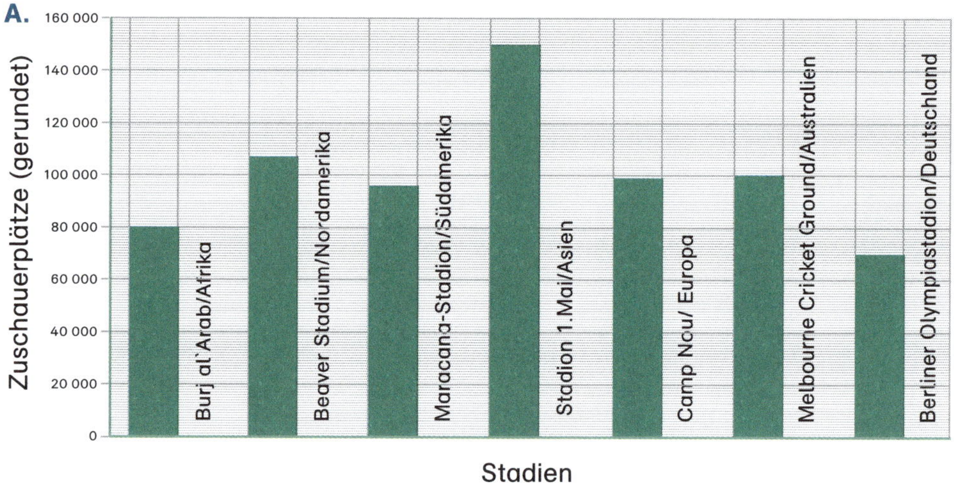

B. Stadion 1. Mai: 150 000 Plätze
Beaver Stadium: 107 000 Plätze

C. Richtig: 2, 3

88 **A.** 1. Lara 2. Daniel 3. Ben 4. David 5. Sven

B. Wie viel Geld können die einzelnen Kinder spenden?
Daniel: 3 800 m ≙ 9,50 €
Ben: 3 200 m ≙ 8 €
Sven: 1 200 m ≙ 3 €
David: 2 800 m ≙ 7 €
Lara: 4 000 m ≙ 10 €

89 **A.** 5. Woche: 16 Cent 8. Woche: 128 Cent 12. Woche: 2 048 Cent

B.

Feld	1	2	3	4	5	6	7	8	9	10	11	12
Cent	1	2	4	8	16	32	64	128	256	512	1 024	2 048

C. Ab der 11. Woche würde Niklas mehr als 10 € erhalten.

D. In der 15. Woche würde er 16 384 ct oder 163,84 € erhalten.
(In der 13. Woche 4 096 ct und in der 14. Woche 8 192 ct)

In der 64. Woche würde er 18 446 744 073 709 551 615 € erhalten (18 Trillionen 446 Billiarden 744 Billionen 73 Milliarden 709 Millionen 551 Tausend 615 €).

90 Rechnung: Holzbein kommt an 6 Tagen 192 km weit. Er braucht also 6 ganze Tage für seine Strecke. Messerjocke kommt in 6 Tagen 228 km weit. Also weiter, wie er benötigt. Er braucht demnach keine ganzen 6 Tage zum Schatz.
Pirat Messerjocke kommt kurz vor Holzbein an.

91 **A.** Wenn du besser Chancen für einen Gewinn haben möchtest, entscheidest du dich für die Regel 3. Hier gewinnst du bei vier Augenzahlen, also wenn du eine 1, 2 ,3 oder 4 würfelst. Dein Partner erhält nur bei der 5 und 6 einen Punkt.
Bei der Regel 2 wären es nur 3 Augenzahlen (die 6, 4 und 2) und bei der Regel 1 wären es nur zwei Augenzahlen (die 6 und 3).

92 **A.** Rechnung: 4 200 cm : 30 cm = 140
Die Leiter hat 140 Sprossen. Wenn man auf die oberste verzichtet sind es 139 Sprossen.

B. Rechnung: 140 Sprossen : 2 Sprossen = 70
Der Kranführer braucht ungefähr 70 s oder 1 min 10 s zu seinem Führerhaus.

93 **B.** Die Abfahrt war um 14.40 Uhr.

Lösungen

S. 101 – 105

94 Rechnung:
150 cm : 25 cm = 6
Für jede Wand braucht er 6 Bretter: 6 · 3 = 18
Andreas braucht 4 Pfosten und 18 Bretter.

95 Rechnung: 5 460 · 24 = 131 040   5 460 : 2 = 2 730
131 040 + 2 730 = 133 770
In seiner Rekordzeit jonglierte er den Ball ungefähr 133 770 mal.

96

1 h	16 km
einer halbe Stunde	8 km
15 min	4 km
2 h	32 km
$2\frac{1}{2}$ h	40 km
3 h 15 min	52 km
4 h 30 min	72 km
3 h 45 min	60 km

97 **A.** Die Gruppe war 2 h 10 min unterwegs. Von 14.30 Uhr bis 16.40 Uhr.

B. 2,5 km + 2,175 km + 1,75 km = 6 km 425 m
Die Schnitzeljagd war insgesamt 6 km 425 m lang.

C. Umweg von 350 m hin und wieder zurück.
6 km 425 m + 700 m = 7 km 125 m
Die Kinder sind insgesamt 7 km 125 m gelaufen.

98 **A.** Jakob: 2,64 m   Hannes: 3,20 m   Oskar: 1,60 m

B. Jakobs Kirschkern fliegt 104 cm weiter als Oskars.

99 Rechnung: 2 · 3 · 7 · 5 = 210
Sie können sich in 210 Tagen oder in 30 Wochen wiedersehen.

100

Mütze:	rot	grün	gelb	blau
Name:	Frank	Lars	Jens	Uli
Hobby:	turnen	schwimmen	lesen	Fahrrad fahren